DIANWANG QIYE YINGJI JIUYUAN ZHUANGBEI SHIYONG SHOUCE

电网企业应急救援装备

使用手册

国网湖北省电力有限公司应急培训基地　组编

中国电力出版社
CHINA ELECTRIC POWER PRESS

内 容 提 要

近年来，我国各地洪涝、台风、雨雪冰冻、地震等自然灾害事件频发，给电网企业设备设施造成极大损坏。如果电网企业各级应急救援队员应急专业技能欠缺，专业装备知识较少。往往影响到突发事件现场的处置效能。因此，提高各级应急救援队员专业应急装备的操作技能，迫在眉睫。为此，特组织编写了本书。

本书共十章，主要内容包括应急救援装备概述、单兵装备包、水域救援类、紧急救护类、应急通信类、照明装备使用维护类、搜救与破拆类、高空救援类、运输及后勤保障类、无人机等内容。

本书可作为电网企业各级应急救援人员及管理人员培训用书，也可作为日常工作参考书。

图书在版编目（CIP）数据

电网企业应急救援装备使用手册 / 国网湖北省电力有限公司应急培训基地组编．—北京：中国电力出版社，2019.10（2019.12 重印）

ISBN 978-7-5198-3519-4

Ⅰ．①电… Ⅱ．①国… Ⅲ．①电力工业—突发事件—救援—防护设备—手册 Ⅳ．① TM08-62

中国版本图书馆 CIP 数据核字（2019）第 169639 号

出版发行：中国电力出版社
地　　址：北京市东城区北京站西街 19 号（邮政编码 100005）
网　　址：http://www.cepp.sgcc.com.cn
责任编辑：马淑范
责任校对：黄　蓓　朱丽芳
装帧设计：郝晓燕
责任印制：杨晓东

印　刷：北京瑞禾彩色印刷有限公司
版　次：2019 年 10 月第一版
印　次：2019 年 12 月北京第二次印刷
开　本：710 毫米 ×1000 毫米　16 开本
印　张：15.25
字　数：263 千字
印　数：3001-5000 册
定　价：78.00 元

本书编委会

主　　任　李培乐

副 主 任　周明星　朱　涛　宋伟荣　郭　勇　刘海志　曾　超
　　　　　饶　强

主要审查人员　梅良杰　安高翔　付昕镜　金志辉　计俊德　杨德元
　　　　　　　胡卉卉　易　明

主要编写人员　王　志　张丽鸣　曾　超　李　皓　孟祥海　江世军　将　燕
　　　　　　　胡　超　辛　巍　黄友安　夏　明　张　龙　柯　丽

参与编写人员　李静一　马　涛　孙双学　章自胜　李　季　陆　磊　熊凌彦
　　　　　　　冯　波　王勇智　夏智玮　成建红　张小兵　张　凯　余信亮
　　　　　　　郭福民　邹雄峰　孙志峰　陈　璞　王小燕　金　倩

前 言

电力关系着国计民生，是发展社会经济的重要基础。而频发的自然灾害严重威胁电网安全稳定运行，大面积停电的风险日趋突出。电网企业承担着越来越重要的社会责任，新形势对应急体系建设提出了新要求。为了加强和规范电网企业应急救援管理与技能培训，全面提高电网企业应急救援队伍专业理论和实战技术水平，国网湖北省电力有限公司应急培训基地依据《中华人民共和国安全生产法》《中华人民共和国防震减灾法》《中华人民共和国突发事件应对法》等法律法规，依照国家电网有限公司的相关规定，在总结应急救援实战经验和国内外应急救援培训经验的基础上，组织力量编写了《电网企业应急管理知识手册》和《电网企业应急救援装备使用手册》。这两本书既是针对应急救援基干队伍的专业性培训教材，也是面向电网企业应急指挥人员、应急管理人员、应急抢修人员、电网企业员工以及社会民间救援人员的应急救援科普读物。

电网企业应急装备是电力应急队伍的作战武器，对应急救援的成败起着举足轻重的作用。工欲善其事，必先利其器！为应急队伍配备专业化的应急装备，能迅速化解险情，控制事态发展，是高效开展电力应急工作，提高电网企业应急工作能力的重要举措。

本书对电网企业应急装备的种类、功能、使用、维护与保养等进行了较为全面的阐述，有助于各级应急队伍在救援现场，能够根据不同的情况，正确选择、使用相应的救援装备，从而大大提高应急救援能力。

在本书的编制过程中，参考了大量专家学者的成果，并得到了国家电力行业有关专家、领导的精心指导，在此一并致谢！

鉴于编者水平有限，本书不足之处在所难免，恳请读者批评指正。

二〇一九年六月

目 录

第一章 应急救援装备概述

一、应急救援装备的作用

电网企业应急救援装备是指在应对突发事件时，电网企业用于现场处置的工具、器材、服装、技术设备等硬件资源，如应急发电车、生命探测仪、防护服、破拆工具、无线通信单兵等各种各样的救援装备和技术装备。

电网企业应急救援装备是救援人员的主要工具，是形成战斗力的基本条件，是提升应急救援工作效能的重要保障。近年来，电网企业在加强应急能力建设的同时，也加大对应急救援装备的投入，一批批先进技术和装备投入使用，在各类电力系统生产事故或突发自然灾害处置过程中，为挽救生命、维护社会稳定、减少财产损失发挥了举足轻重的作用。

1. 提高应急救援效率

控制、减轻和消除突发事件引起的严重社会危害，维护国家安全、社会稳定和人民生命财产安全，保障电网公司正常生产经营秩序，维护电网公司品牌和社会形象，是电网企业应急救援的核心目标。

在发生突发事件时，面对复杂的地理条件和恶劣的气候环境，必须使用不同种类的应急救援装备。如处置大面积停电，要使用大型应急发电车、应急照明灯等；当有危化物质侵害时，要使用空气呼吸器、防毒面具；应对自然灾害时，救援人员要使用冲锋舟、水陆两栖车进入现场勘查灾情，使用无人机应急通信勘查终端、无线单兵系统等反馈现场受损情况。如果没有专业的应急救援装备，电力不能迅速恢复，灾害将得不到有效遏制，救援人员的生命没有保障，应急救援工作根本无法有序进行。

应急救援装备是应急救援人员的作战武器。要提高应急救援能力，保障应急救援工作的高效开展，迅速化解险情，控制事故，就必须为应急救援人员配备专业化的应急救援装备。应急救援装备是应急救援人员的有力武器和重要保障，应急救援装备配备齐全与否，直接关乎救援工作的效率和进程。

2. 维护救援现场稳定

灾害事件发生之后，会引发一系列的次生灾害，其中之一便是造成供电中断。供电中断不仅会影响灾区人民的正常生活，还会造成整体救援进程缓慢，容易引起局部地区的社会恐慌，甚至引发社会动荡。电网企业应急救援人员利用先进的应急救援装备，提供现场抢修照明，快速恢复当地供电，不仅能够大大稳定灾害现场的“人心”，还能有效协助政府开展救援，很大程度地弱化事故对社会的影响。

先进的应急救援装备，能有效提高应急救援的能力，避免、减少人员的伤亡和财产损失，能有效地保护环境和社会稳定。

3. 保障生命财产安全

在事故险情突发时，如果能够迅速恢复现场供电、照明及通信，就能够为救援工作的开展提供保障，如及时开展现场救援指挥，启用应急救援装备，可以有效控制事故发展，避免事故的恶化或扩大，从而有效避免、减轻人员伤亡。确保综合救援有条不紊地进行，也将会大大减少财产损失。

综上所述，应急救援装备对应急救援的成败起着非常重要的作用，必须从配置、使用与维护等方面予以高度的重视。做到配置合理、维护到位、使用正确。只有这样，才能不断提高应急救援能力，保障应急救援任务高效地完成。

二、电网企业应急救援装备分类

电网企业在开展应急救援工作中所采用的装备种类繁多，专业性强且功能单一，可按其适用性和具体功能进行分类。

1. 按适用性分类

电网企业应急救援装备有的适用范围非常广，能够用于不同类型灾害事故救援，而有的则具有很强的专业性，只能用于特殊类型灾害事故救援。根据电网企业应急救援装备的适用性，可分为通用性应急救援装备和专业性应急救援装备。

（1）通用性应急救援装备主要包括单兵个人装备，如安全带、安全帽、护目镜等；应急通信装备，如对讲机、移动电话、固定电话等。

（2）专业性应急救援装备，因灾害事故类型的不同而各不相同，可分为电力抢险装备、危险品泄漏控制装备、野外救生装备、消防装备等。

2. 按功能性分类

电网企业在开展应急救援工作时所采用的装备根据其具体功能可分为单兵装备、紧急供电与照明、紧急救护、应急通信、搜救与破拆、水域救援、高空救援、运输及后勤保障等八大类，共计44小类，如图1–1所示。

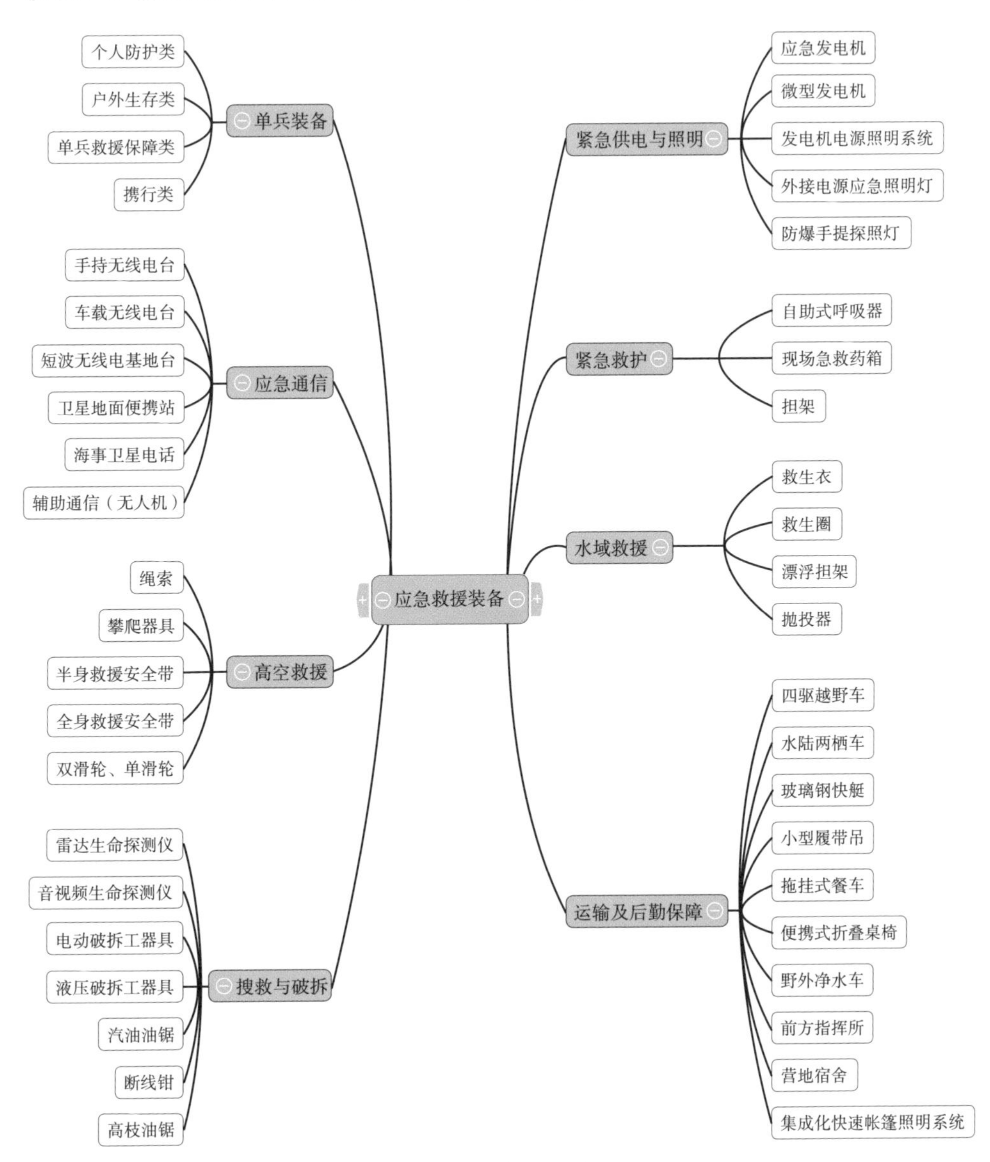

图1–1 应急救援装备分类

第二章　单兵装备包

单兵装备包作为应急救援人员随身携带物资、装备的载体，其规格以及容量直接影响了作业人员的行进速度与工作效率。本章将重点介绍单兵装备包背负系统的特点、常备物资、装包技巧以及如何更高效省力地使用单兵装备包。

一、背负系统及其特点

理想的背负系统不但要能平均的分散重量，而且还要兼顾根据肩宽及背形，甚至是胸部厚度能进行调整。这些小细节乍听起来可能无关痛痒，但长时间行走之后，肩膀上的重量要是分配不均，不但背部遭到压迫，还会伴随疼痛感，这种的情况下，轻则让行走速度减缓，重则影响平衡感，甚至危及生命安全。

单兵装备包背负系统如图2–1所示。

图2–1　单兵装备包背负系统

1- 肩带；2- 腰背枕；3- 腰部固定带；4- 肩带调整带

二、装包

1. 装包原则

背包的原则是两边摆放的物品要平衡，较重的东西放在上面。一般背包分为上下两层，下层可以放睡袋、鞋子等。单兵装备包物品摆放如图2–2所示。

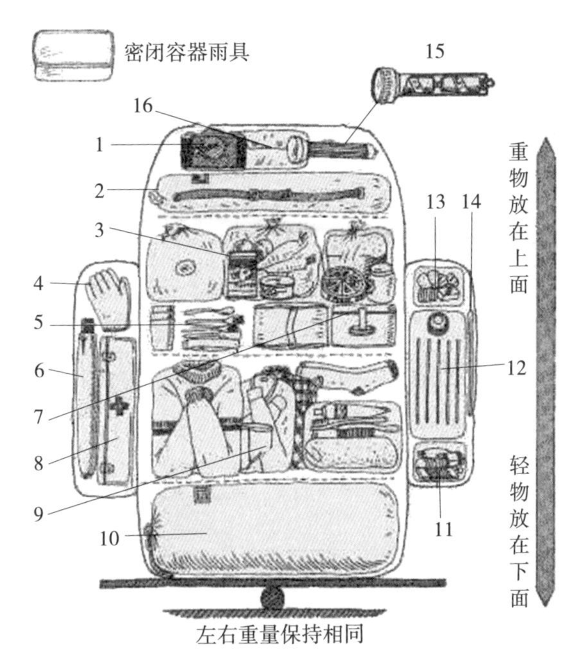

图 2-2　单兵装备包物品摆放示意图

1-容易破损的东西；2-帐篷；3-视频；4-军用手套；5-餐具；6-雨伞；7-炊事用具；8-急救用品；9-衣物；10-睡袋；11-紧急备用食物；12-水壶；13-干粮；14-塑料袋；15-手电筒；16-雨具

2. 包内常备的物品

包内常备物品如图2-3所示。

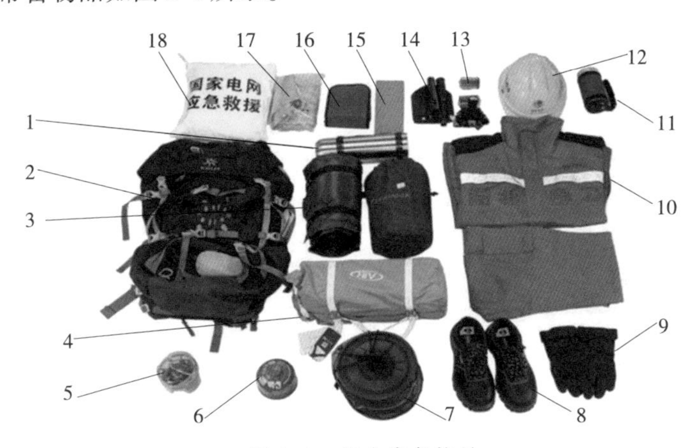

图 2-3　包内常备物品

1-水壶；2-装备包；3-地垫；4-帐篷；5-煤气灶；6-压缩气罐；7-野战套锅；8-鞋；9-手套；10-工作服；11-摄像机；12-安全帽；13-警示灯；14-折叠工兵铲；15-防风隔板；16-餐具；17-救生衣；18-雨衣

3. 装包步骤

（1）估重。把要带的物品集中放置在一个地方。根据自己的经验确定背包的重量，最多不能超过25kg。在凹凸不平的地上行走时，背包应尽可能轻。爬上高峰时，背包不能超过10kg。

（2）装满的背包必须保持平衡。为了防止背包向后拉扯肩部或使肩部前弓，可以将重物放在最上面，使其重力笔直下压。坚硬物品不要放在贴背的部位，左右放置的物品重量应该相仿，以免重心偏向一边。体积大、质量轻的物品可以放在最底下，这样不影响重心；另外，由于重物压在上面，所以使用一段时后背包会较为密实。

（3）雨衣、饮水及当日使用的东西应该放在最上面或最容易取得的地方。

三、如何背包

（1）试背。先放点东西到背包中，让背包有重量并撑开，使其接近应急工作实际。接着，将背包上的带子放松一些，并背上背包如图2–4所示。

（2）将臀部固定带系紧。将背包背上后，臀部固定带的位置大约在臀部上方，然后将臀部固定带扣好并拉紧，带子应舒适地环绕在臀部上，如果感到太紧，就再次放松带子后重新调整。拉得过紧可能会造成两侧的骨头痛。如图2–5所示。

图 2–4　放松背包所有带子

图 2–5　系紧臀部固定带整带

（3）拉紧肩带调整带。肩膀上方有一个连接肩带与背包顶袋的肩带调整带，拉紧致其与肩背带呈现45°角，会感受到肩上的重量突然变轻。这个调整带可以将背包靠向身体，并将背包的重量转至臀部固定带上，但不可拉得过紧，否则会使肩背带向后扯，造成肩膀的不舒适，如图2–6所示。

（4）将肩背带拉紧。将肩背带拉紧，使背包靠近你的身体，但注意背包重量仍应该是落在臀部固定带上，如图2–7所示。

图2–6　收紧肩带调整带

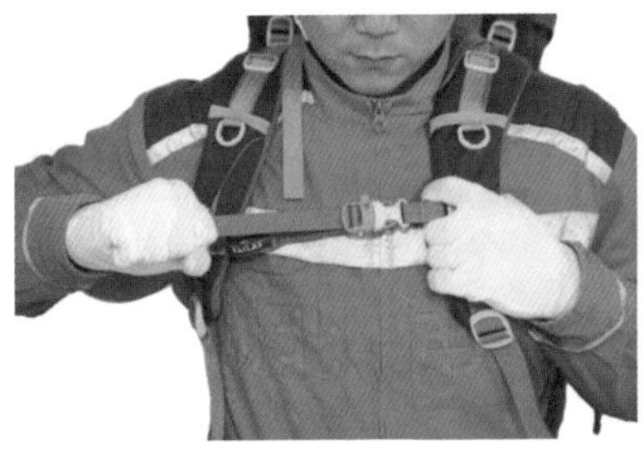

图2–7　拉紧肩带

（5）拉紧腹部扣带。先将腹部扣带调整至胸部不会感到压迫的高度，然后扣起并拉紧，让两边的肩背带稍微向内靠近，可减轻肩上的重量，拉紧腹部扣带至双臂可以自由舒适地活动，如图2–8所示。

（6）稍微放松肩背带。稍微将肩背带放松一点点，让背包更多的重量落在臀部固定带上，但是不可放太松，否则会造成背包在行进间容易晃动，如图2–9所示。

（7）都调整完后，最后检查一下，是否大部分的背包重量都在臀部固定带上，而不是在肩膀上。若发现调整完后，肩背带与肩膀间的空隙仍然很大，或是臀部固定带不在臀部上方，可调整背包的背负系统，如图2–10所示。

图2–8　扣住并收紧胸前扣带

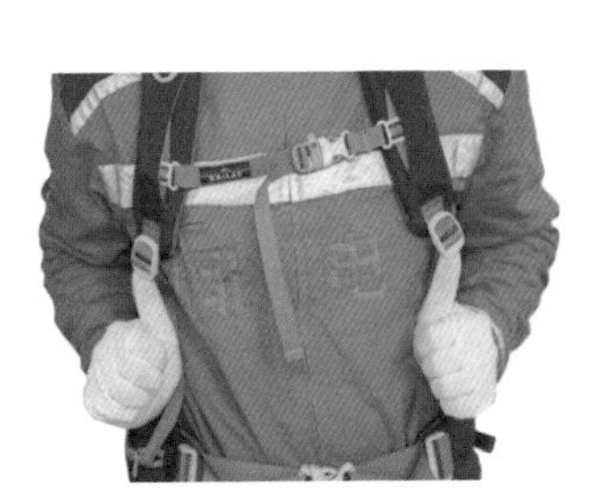

图2–9　稍微放松肩背带

图2–10　调整背负系统

四、救援过程中轻松使用重装背包的18个要领

在出发前，救援装备、食物等会把背包塞得满满当当，这虽然解决了一系列潜在的危机，但会消耗一定的体力，因此掌握了以下要领，能使救援过程中

的 重装徒步变得轻松。

1. 放缓步伐，让身体适应

救援过程中的行动步伐如图2–11所示。

图2–11　放缓步伐

刚开始，脚步可以放缓一点，让身体每个部分都先预热，有个适应的过程，5~10min后才加快步伐。

2. 按自己节奏徒步

不要按照别人的节奏走，按照自己的速度和节奏来行进。不要逞强埋头猛走，这样会消耗大量体力。

3. 试拉支点避免受伤

上下坡时，如果用手去攀拉石块、树枝或藤条，在用力前，一定要用手试拉一下，看看是否能够受力，避免意外受伤。

4. 少吃多餐，避免暴饮暴食

救援工作往往持续时间较长，人体的热量损失大，为了补充体力，需要及时补充水和食物，但不可一次吃太多，每次少吃，但增加吃喝的频率。

5. 小口喝水，少量多次

在救援的时候，喝水以量少次多为原则。主动喝水，不要等口渴了才被动喝水。一次喝水不可太多，否则身体吸收不了反而增加心脏的负担。在爬大坡之前可以适当地多喝一些水。

6. 不要脱鞋

中途休息时不要脱鞋，因为长时间行进脚一定会浮肿，脱了鞋一旦再穿会比较难受。

7. 站着休息，调整呼吸

行走中的休息要注意要长短结合，短多长少。一般途中短暂休息尽量控制在5min以内，并且不卸掉背包等装备，以站着休息为主，调整呼吸。长时间休息以每行进60~90min休息一次为好，休息时间为15~20min，长时间的休息应卸下背包等所有负重装备，先站着调整呼吸2~3min，才能坐下，不要一停下来就坐下休息，这样会加重心脏负担；可以躺下抬高腿部，让充血的腿部血液尽量回流心脏。

8. 注意保暖

山区昼夜温差较大，海拔上升温度会下降（–6°/垂直1000m），需准备保暖衣物和合适睡袋。当衣物被雨水或汗水打湿后，热量散发得非常快，此时要尽快换上干燥内衣。防潮地垫及保暖睡袋如图2–12所示。

9. 走夜路，戴头灯

当救援工作开展需要走夜路时需装备头灯，如图2–13所示。

图2–12 防潮地垫及保暖睡袋

图2–13 选用头灯

10. 系鞋带松紧适当

鞋带系得太松或太紧，都会使双脚过早出现疲劳，且易受伤。最好用扁平的带状鞋带，不要用圆形的绳状鞋带。因为绳状的鞋带不易系紧、易松开。

11. 在脚后跟涂抹润滑剂，减少摩擦

长时间行进，双脚很容易频繁摩擦受损。可以在双脚与鞋摩擦多的地方，涂些凡士林或油脂类护肤用品，以减少摩擦。

12. 合理选择线路

寻找自己在体力上、时间上、装备上允许范围内的路线，如图2–14所示。

图 2–14　合理选择路线

13. 选择的队伍

尽量选择熟悉的救援人员，熟知体力状况。

14. 队员之间保持合理距离

队员之间应该保持一个合理的距离，一般为2~3m。队伍的安全距离一般在白天不能超过10min或者在200m以内，夜晚必须在5min或者20m以内，如图2–15所示。

15. 有计划休息和进食

根据大家途中的体力情况及时调整计划，避免不必要的体力透支，要为后来的救援任务保留体力。

16. 带上登山杖

在重装行进时使用登山杖，可减轻腿部的受力，减小膝关节因冲击而受伤的可能，如图2–16所示。

图 2–15　行进时保持间距

图 2–16　携带登山杖

17. 不要穿新鞋

因为脚与新鞋尚未磨合，穿新鞋容易使脚疲劳、受伤。重装行进，各种情况都会遇到，挑选鞋子时，要进行试穿，感觉一下脚趾是否可以活动，如不能活动说明鞋太小，脚尖前端应留有一定空隙。走路时，如果脚跟与鞋跟之间滑动，就容易擦伤脚，这种鞋也是不合适的。所以应选择合适的高帮登山鞋。

18. 多备几双袜子

出发前，要记得多备几双袜子，便于更换。最好选用棉质、吸汗的袜子。

五、日常维护及保养

1. 清洗

背包表面污垢可用中性的清洁剂清洗，再置于阴凉处风干，避免曝晒，因为紫外线会伤害尼龙布。使用过程中仍然需要注意基本的保养，比如背包被划破要及时缝补，要选用较粗的针线，最好是专门缝补椅垫的针线，须缝牢，尼龙线可用火烤断。

2. 收藏

不用的时候，必须存放在阴凉、干燥的环境，避免发霉损害背包布外层的防水镀膜，定期检查主要支撑点，如腰带、肩带，以及背负系统的稳定性，避免垫片恶化或硬化，拉链损坏要及时更换。

第三章　水域救援类

水域救援是指人员在水域中生命受到严重威胁或重要电力设施、设备受到水流破坏，或不可抗力造成的其他意外灾害等，如不及时施救将会造成人员伤亡或重大财产损失所采取的救援行动。

本章介绍冲锋舟、舷外机以及射绳枪。

第一节　冲锋舟

一、结构及特点

冲锋舟的整体稳定性、便携性、抗风浪、操纵性比较稳定，安全性能较好。广泛用于防洪、抢险、救灾中。

二、使用场合

冲锋舟比较适合作为水域救援工具，在洪涝灾害多发地，大多使用便于携带和充气的快速冲锋舟开展救援工作。

三、装卸和维护

1. 安装

（1）开箱：取出船体，对照配件表检查属具、配件是否齐全，如图3–1所示。

图 3–1　冲锋舟开箱

（2）CX–C12G型冲锋舟结构。

有效使用面积：2.7m^2

有效承载：1300kg；承载12人

材质：高强涤纶和氯磺化橡胶

CX–C12G型结构如图3–2所示。冲锋舟技术尺寸见表3-1。

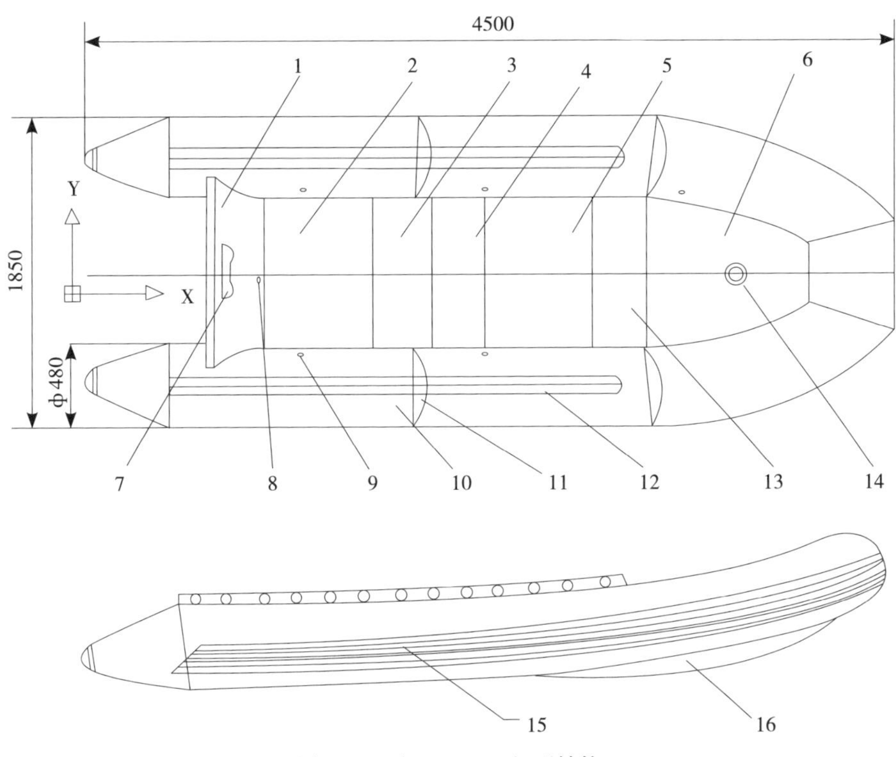

图 3-2 （CX-C12G）型结构

1-挂机板；2-1号底板；3-2号底板；4-3号底板；5-4号底板；6-5号底板；7-防滑件；8-排水阀；9-充气嘴；10-舷；11-隔膜；12-安全带；13-连接板；14-龙骨；15-护舷；16-底

表3-1 冲锋舟技术尺寸

冲锋舟结构	尺寸
艇总长（mm）	4700
艇总宽（mm）	1900
舷筒直径（mm）	500
船首高（mm）	840
船尾高（mm）	650
总质量（kg）	155

（3）主体安装。

1）在清洁平整地将船体展开（将龙骨铺直），如图3-3所示。

2）检查各个充气阀门是否完好，如图3-4所示。

图3-3　铺展船体

图3-4　检查充气阀门

（4）底板安装如图3-5所示。①先装位于首尾的1号和4号，由两头向中间安装，将2号和3号同时装上，如图3-6所示；②5号板是二块组成，最后安装，如图3-7所示。

图3-5　安装底板

图3-6　组装底板顺序

图3-7　安装5号板

（5）边条安装。①安装前，要将1~4号底板左右两边对齐，先装两头短条，再装中间长条，如图3-8所示；②注意边条的漕的方向，摆放好后可用脚踩压到位，如图3-9所示。

图3-8　安装边条

图3-9　边条对齐

（6）充气。舷筒从尾到首充气，不可一次充足（工作压力为120mmHg），各气室充起后再依次从首到尾补气；如气充不进时，可拧松充气阀，充好后再拧紧，如图3-10所示。

图3-10　充气

2、拆卸

（1）检查冲锋舟外观，查看是否有遗留物，外观是否有明显裂纹、底部是否有划伤，如图3-11所示。

（2）清洁舟体，保持船面干净整洁，无污染物，于阴凉通风处晾干船体水分，如图3-12所示。

图 3-11　冲锋舟外观检查　　图 3-12　冲锋舟清洁舟体

（3）拧开充气阀将气放出，如图3-13所示。

（4）折叠收好，如图3-14所示。

图 3-13　充气阀放气

图 3-14　冲锋舟折叠收纳

四、使用、维护与保养

（1）避开尖锐物体对舟体的刺划，在携带器材上舟时，尤其要注意不要刺划船体。

（2）舟上缆绳有严重磨损或腐蚀应予以换新。

（3）入库前应淡水清洗舟体、有油渍时用少量酒精擦除。

（4）有5cm^{2}下的破损时的修补。

1）选用周边大于破损处25cm修补片一块。

2）将破损处和补片用砂布打磨并清理干净，涂三次胶液，每次干燥25~35min（环境温度大于25℃）。

3）将补片平整贴在破损处并压牢，停放48h。

（5）确认附件完整后打包存放。

（6）储存。

1）避免阳光直接照射、雨雪浸淋。

2）禁止与酸、碱、油类、有机溶剂等有害橡胶类的物质接触。

3）舟体的储存环境温度为-15~40℃，相对湿度小于80%。

4）舟体折叠后最好单独存放，如堆码，不应超过4层。

第二节 舷外机

舷外机作为冲锋舟的动力输出装置，主要是由发动机和传动、操作、悬挂装置及推进器等组成。具有结构紧凑、重量轻、拆卸方便、操作简单、噪声小等特点，适用于在内河、湖泊及近海使用。

一、安装

1. 开箱

取出舷外机，对照配件表检查属具、配件，如图3-15所示。

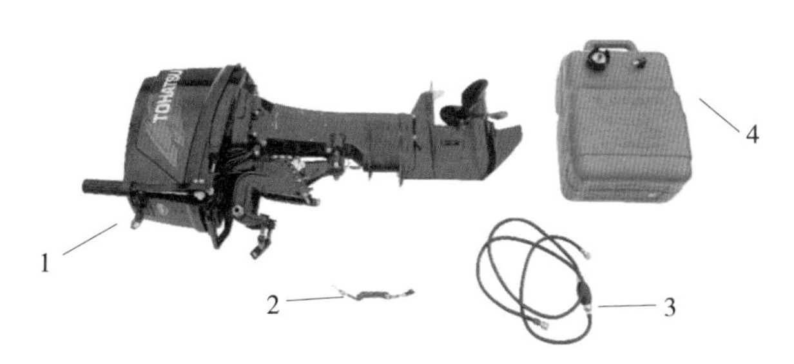

图3-15 弦外机开箱检查

1-主机；2-钥匙；3-泵油管；4-油箱

2. 装机

（1）装好控油阀手柄，大小齿轮应对应，如图3-16所示。

（2）将舷外挂机安置在舟体上。

（3）拧紧紧固螺栓，将舷外机固定在挂机板的防滑件上。

（4）安装油管，如图3-17所示。

（5）油箱加入混合油，（初次加油按汽油1L、机油50mL比例，以后可按1L:25mL），如图3-18所示。

（6）捏动气囊（手动泵）上油到机器，如图3-19所示。

（7）装机时，防涡碟应在船底下约30~50mm，机身与船底垂直。

图 3-16　安装油阀手柄

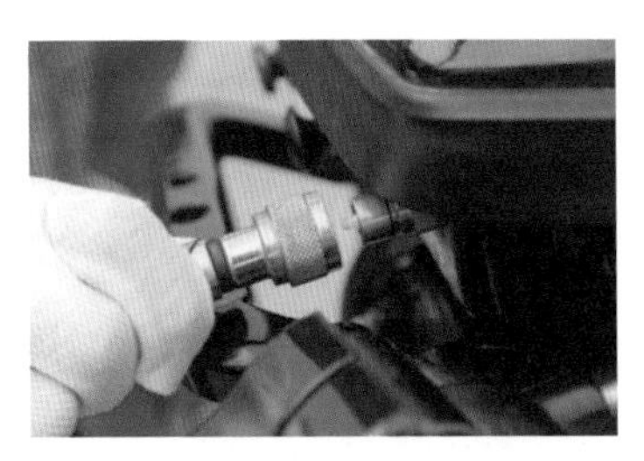

图 3-17　安装油管

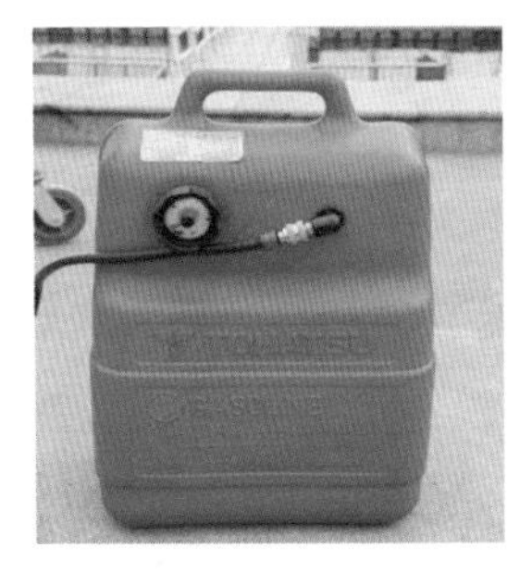

图 3-18　加入混合油

图 3-19　泵油到机器

二、 拆机

（1）停机、关闭燃油旋扭，如图3-20所示。

（2）扳动翻转锁操作杆，将机器翻起，如图3-21所示。

（3）松动紧固螺栓。

（4）抬起机器（不要抬螺旋桨）。

（5）存放时螺旋桨不要受力负重。

图 3-20　停机关闭燃油旋钮

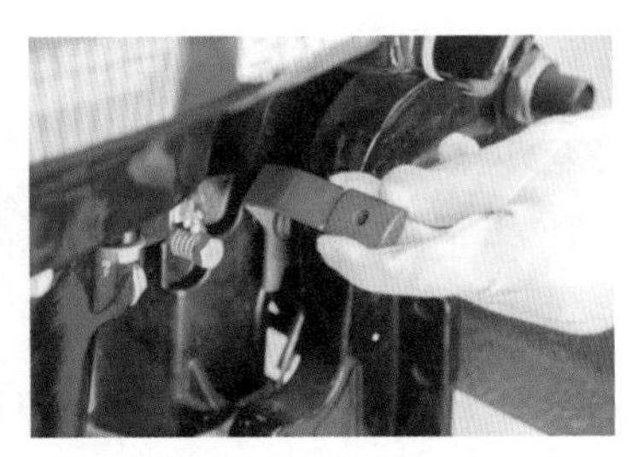

图 3-21　弦外机抬起

三、使用前的准备与检查

1. 开航前的准备

（1）相关安全信息收集。

（2）出艇任务。

（3）气象信息。

（4）水文信息。

（5）其他（图、规定）。

2. 检查冲锋舟

（1）冲锋舟的水密性。

（2）舷外挂机工况。

（3）所属配具是否齐全。

3. 个人设备

（1）救生衣。

（2）通信器材。

4. 配备器材

（1）救生圈。

（2）导航、定位器材。

（3）照明设备。

（4）其他。

5. 水上救生

（1）救生衣。

1）浮力标准。①成年人为7.5kg/24h；②儿童则为5kg/24h；③确保胸部以上浮出水面；④浸泡24h后，浮力损失小于5%。

2）使用。①穿着之前，应检查浮力袋、领口带、腰带、口哨、救生衣灯等设备是否完好；②紧紧贴身穿着救生衣，领口带、腰带要系牢（死结）。

3）维护保养。①每年抽检做浮力试验；②每3个月检查一次有无霉烂、发脆和损坏；③每个月应晾晒一次。

（2）救生圈。

1）浮力标准。支承14.5kg的铁块在淡水中持续漂浮24h；必须有直径6mm，长度大于28m的合成纤维材质的救生索。

2）使用。①救生圈的抛投。尽可能抛在落水者附近，救生圈质量轻不用顾忌砸着落水者；②水中使用方法。用手压救生圈的一边使它竖起，另一只手把住救生圈的另一边，并把它套进脖子，然后再置于腋下。或先用两手压住救生圈的一边使救生圈竖立起来，手和头部乘势套入圈内，再置于腋下；③保养。每隔3个月抽检部分救生圈浮力。

四、如何操纵

1. 离泊

（1）拉动启动手柄，先慢后快，启动机器。

（2）将安全绳系在腰间，另一头插在停止开关上。

（3）解缆、将冲锋舟推离码头，微车驶离。

2. 靠泊

（1）近码头控制好车速、适时停车（空挡）。

（2）系缆。

3. 航行操纵

（1）左右推动操纵杆来控制冲锋舟行进方向。

（2）转动控油手柄控制舷外机转速的大小，启动时不要太急，慢慢开启。

（3）通过对舷外机排档杆位选择确定车的进、倒、停，如拔掉安全锁机器应立即停转。

（4）操纵时应避免使用大舵角，尤其是在高速航行或有大风、大浪时。

4. 特殊情况下的操纵

（1）施救落水人员时。操纵冲锋舟从下风或顶流慢速接近落水者，最好先抛掷带有救生索的救生圈。

（2）夜间航行时。了解水域的水文、地貌特征，将明显标志、显著建筑物作为参照物；制定好航行路径，携带好通信、导航、定位设备；尽可能选派技术优秀、素质全面人员操艇。

5. 训练水域的航行避让

任何时候均应当以安全航速行驶。安全航速应考虑的因素。

（1）外界。

1）能见度情况。

2）通航密度情况。

3）艇的操纵性能（稳向、旋回、启、停）。

4）风、浪、流及航道情况和周围环境。

（2）人员。

1）操艇的熟练程度。

2）水域情况的掌握。

（3）水域行驶规则。

1）冲锋舟航行。

2）逆时针方向旋回。

3）各自靠右。

4）左手侧会让。

6. 冲锋舟的负载

（1）人员乘坐时姿势应保持低重心，一可保证操纵者的视野良好、二可保证乘员安全。

（2）如携带笨重器材出艇，应设法将其固定在底板上，但严禁超载。

（3）人员和器材上艇时，应尽可能让冲锋舟负载均衡（艇略有首纵倾）。

冲锋舟人员乘坐示意图如图3-22所示。

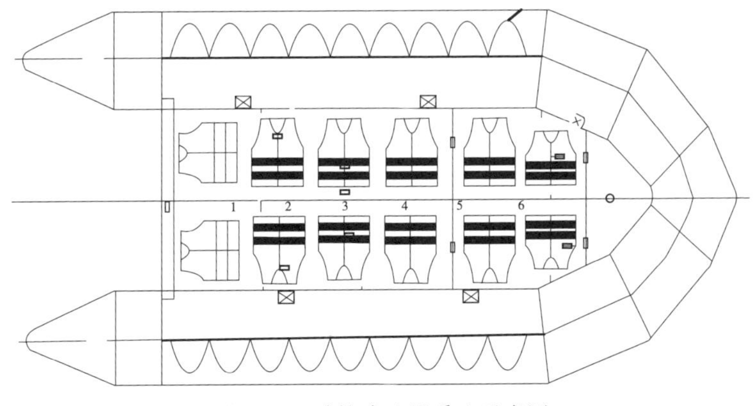

图3-22 冲锋舟人员乘坐示意图

7. 注意事项

（1）风浪过大、超过冲锋舟抗风等级时，不可冒险出艇。

（2）近距离或狭窄水域会让时，确定会让方向，并减速。

（3）夜间航行或在不熟悉水域应低速行进，如多艘艇出行应由对水域情况和通航法规熟悉人员在前，后艇与其保持安全距离。

（4）谨防螺旋桨被碰撞缠绕。

（5）如挂机出现异常，应立即停车。

（6）挂档后无论如何手不能离开操纵杆。

（7）航行时，驾驶员应将安全锁的另一端系在身上。

8. 求生知识

落入水中尽力克服恐惧心理，保持好心态、求生意志。

（1）水域狭窄或有攀爬上岸物。

（2）水域宽阔。①发出遇险信号；②努力搜索附近伙伴或可攀附的漂浮物；③尽量保存体力，不要做无谓的游动；④保温。保持HELP姿势（两腿弯曲并拢，两肘紧贴身旁，两臂交叉抱在求生衣前面）或与伙伴抱团。

（3）落水者在水中危险（冻毙）。①人体体表的隔热能力很弱；②水的导热速度是空气的26倍：当环境温度在20℃左右时，人体为维护中心温度不低于37℃，会产生机体反应寒战；当环境温度低于20℃时，即使颤抖厉害也无法维持37℃体温，随着热量的消耗会出现低体温（过冷现象），此时人体心脏、大脑易受伤害；当体温下降到35℃会出现低温昏迷，28℃血管硬化，24℃则死亡。人在不同温度水中生存的参考时间见表3-2。

表3-2　人在不同温度水中生存的参考时间

温度	生存时间
0℃（浮冰水）	1/4h
2℃	小于3/4h
2~4℃	小于1.5h
4~10℃	小于3.0h
10~15℃	小于6.0h
15~20℃	小于12h
超过20℃	不定（视体力、疲劳程度而定）

五、日常维护（每次使用前后）

（1）燃油系统。燃油箱的油量、燃油滤清器内有无水和碎屑。

（2）冷却系统。每次开机后确认有冷却水从排水口喷出。

（3）启动系统。检查启动手柄上的拉绳是否有磨损。

（4）螺旋桨。检查螺旋桨是否有弯曲或叶片损伤。

（5）安装舷外机。检查坚固螺栓是否拧好、挂机是否安装正确；安装时机器冷却水入口要在水中。

（6）冬季环境温度低至0℃时，使用后要将机器垂直以保证彻底放完冷却水。

第三节 绳索发射枪

绳索发射枪作为水域救援的补充工具，在一定程度上可提高救援的效率。一般在某些难以到达或有危险的水域救援时使用。

一、主要配件及结构

绳索发射枪主要配件如图3-23~图3-27所示。

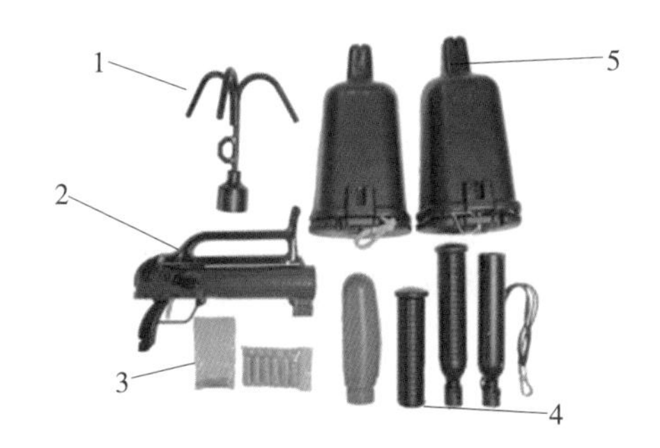

图3-23 绳索发射枪主要配件

1-锚钩；2-枪身；3-救生衣；4-弹体；5-绳桶

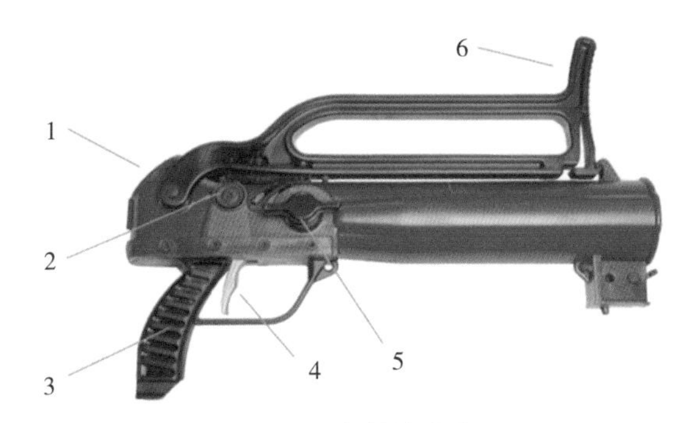

图3-24 发射枪枪身

1-压力表；2-安全阀；3-握把；4-扳机；5-安全阀门扳手；6-枪托

图 3-25　发射枪弹体

（a）陆地绳（b）水域绳

图 3-26　绳

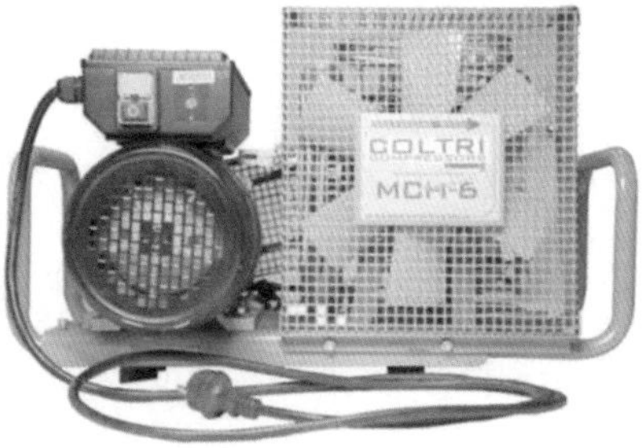

图 3-27 空压机

二、操作步骤

（1）为了正确地使用填充发射体，需要至少达到发射体工作气压的压缩空气来源，标准的发射体气压为207巴/3000Psi。

（2）直线型充气组件发射体补给压缩空气。由压力表、排气螺栓和与压缩空气源连接的导管组成组件，如图3-28所示。

（3）先用适当的配件将直线型充气组件的一端连接到压缩空气源上。

（4）检查被填充的发射体上的阀门锁处在打开的位置上，当阀门锁与空气流动方向在一条直线上时，阀门是打开的。当阀门与空气流动方向垂直时，阀门是关闭着的，如图3-29所示。

图 3-28　气瓶连接

图 3-29　气瓶阀门

（5）用手指压填充阀门部件颈口，把它退回去，然后将喷嘴的颈口插入到阀门颈口里面，确保在直线型充气组件上的排气螺栓时关闭的。确保喷嘴阀门处在开着的位置上——阀门与气流方向在一条直线上。打开供应空气且慢慢地填充发射体瓶到3200帕/220巴（如果听见有空气溢出，必须替换充气组件或喷嘴“O”型圈）确保阀门锁与气流方向是垂直的，每次要将充气组件扳手放回原处。然后找到泄气螺栓附近的排气口，将排出口向下，远离操作者，打开泄气螺栓，释放填充组件里面的气压。按下直线型充气组件上的弹簧之承颈，把发射体与填充导管分离，如图3–30所示。

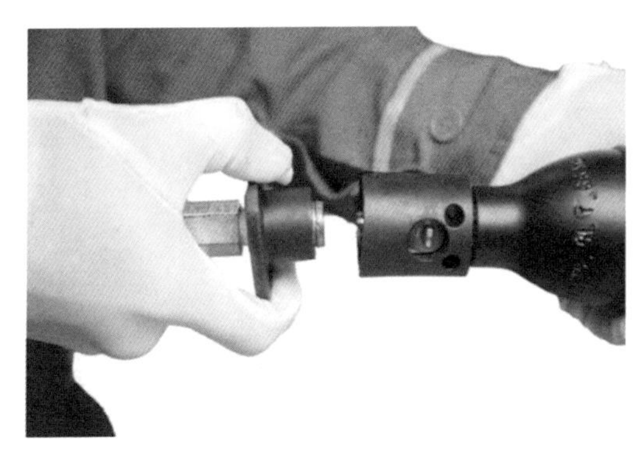

图3–30　气瓶分离

三、注意事项

（1）在射弹的每个喷嘴处安装有减压装置，目的是避免射弹内产生不安全的压力；不论是否发射，如果射弹被暴露在很热的环境，例如火中，射弹内空气压力受热超过安全值，减压阀将破裂释放压力。破裂后减压阀将不能再使用，必须更换气瓶。

（2）射弹瓶与枪膛对接，枪体压力表指示蓄压，则射绳枪处于待发射状态。

（3）如使用得当，抛射体可多次使用，但如抛射体外部有任何可见的损坏都需要立即更换。不要试图重新加满一个已经损坏的气瓶。在使用后或者重新加满存储以前，应将抛射体的喷嘴组件移除并保持内部干燥。通常，特别是渗入海水时，在气瓶中会留有水，如不清除掉可能会导致锈蚀。

四、常规问题解决办法对照表

常见问题解决办法对照表见表3–3。

表3–3　常见问题对照表

常见问题	解决办法
射弹瓶破损、锈蚀	更换或除锈
射弹瓶压力不足	使用空气压缩机充气
射绳发射打绞	用收绳盒收回重新发射

第四章 紧急救护类

紧急救护是应急救援、劳动生产过程中所发生的各种意外伤害事故、急性中毒、外伤和突发危重病员等现场，没有医务人员时，为了防止病情恶化，减少病人痛苦和预防休克等所应采取的一种初步紧急救护措施。

本章介绍紧急救护时常用的物品及设备，包括正压式呼吸器、担架、现场急救药箱等。

第一节 正压式呼吸器

正压式呼吸器是用于在特殊环境中过滤空气中有害物质的设备。主要应用于火灾、毒气泄漏、挥发性液体泄漏、密闭空间等产生有害气体或氧气含量低的区域。其背带及腰带的全部织材均采用防火阻燃材料，金属连接件均为不锈钢材质，如图4–1所示。

图 4–1 正压式呼吸器

一、功能

正压式呼吸器是国内外近年来才开发的新型过滤设备。它可以滤除液体的0.22μm以上的微粒和细菌，有过滤精度高、过渡速度快、吸附少、无介质脱落、耐酸碱腐蚀、耐高温、操作方便等优点。是广泛用于医药、化工、电子、饮料、果酒、生化水处理、环保等工业的必需设备。

二、结构

正压式呼吸器如图4–2所示。

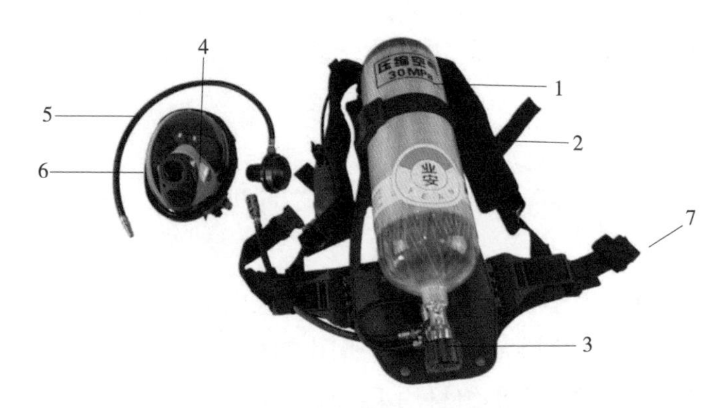

图4–2　正压式呼吸器

1–气瓶；2–背托；3–瓶头阀；4–呼吸阀；5–供气管；6–呼吸面罩；7–腰带组

1. 呼吸面罩

为大视野面窗，面窗镜片采用聚碳酸酯材料，具有透明度高、耐磨性强、防雾作用。网状头罩式佩戴方式，佩戴舒适、方便，胶体采用硅胶，无毒、无味、无刺激，气密性好，如图4–3所示。

图4–3　正压式呼吸器面罩

2. 呼吸气阀

结构简单、功能性强、输出流量大、具有旁路输出、体积小。

3. 腰带组

卡扣锁紧、易于调节。

4. 瓶头阀

具有高压安全装置，开启力矩小。

5. 背托

背托设计符合人体工程学原理，由碳纤维复合材料注塑成型，具有阻燃及防静电功能，质轻、坚固，在背托内侧衬有弹性护垫，可使配戴者舒适。

6. 肩带

由阻燃聚酯织物制成，背带采用双侧可调结构，使重量落于腰胯部位，减轻肩带对胸部的压迫，使呼吸顺畅。并在肩带上设有宽大弹性衬垫，减轻对肩的压迫。

7. 压力表

大表盘、具有夜视功能，配有橡胶保护罩，如图4-4所示。

8. 正压式呼吸器报警哨

置于胸前，报警声易于分辨，体积小、重量轻。

9. 正压式呼吸器瓶带组

瓶带卡为一快速凸轮锁紧机构，并保证瓶带始终处于一闭环状态。气瓶不会出现翻转现象。

10. 气瓶

铝内胆碳纤维全缠绕复合气瓶，工作压力30MPa，质量轻、强度高、安全性能好，瓶阀具有高压安全防护装置，如图4-5所示。

图4-4 正压式呼吸器压力表

图4-5 正压式呼吸器气瓶

三、操作步骤

1. 正压式呼吸器使用前的检查

（1）打开空气瓶开关，气瓶内的储存压力一般为18~30MPa，随着管路、减压系统中压力的上升，会听到余压报警器报警。

（2）关闭气瓶阀，观察压力表的读数变化，在5min内，压力表读数下降不超过2MPa，表明供气管系高压气密性好。否则应检查各接头部位的气密性。

（3）通过供给阀的杠杆，轻轻按动供给阀膜片组，使管路中的空气缓慢地排出，当压力下降至4~6MPa时，余压报警器应发出报警声音，并且连续报警直到压力表指示值接近零。否则就要重新校验报警器。

（4）观察压力表有无损坏，连接是否牢固。

（5）中压导管是否老化，有无裂痕，有无漏气处，它和供给阀、快速接头、减压器的连接是否牢固，有无损坏。

（6）供给阀的动作是否灵活，是否缺件，它和中压导管的连接是否牢固，是否损坏。供给阀和呼气阀是否匹配。带上呼气器，打开气瓶开关，按压供给阀杠杆使其处于工作状态。在吸气时，供给阀应供气，有明显的“咝咝”响声。在呼气或屏气时，供给阀停止供气，没有“咝咝”响声，说明匹配良好。如果在呼气或屏气时供给阀仍然供气，可以听到“咝咝”声，说明不匹配，应校验正型式空气呼气阀的通气阻力，或调换全面罩，使其达到匹配要求。

（7）检查全面罩的镜片、系带、环状密封、呼气阀、吸气阀是否完好，有无缺件和供给阀的连接位置是否正确，连接是否牢固。全面罩的镜片及其他部分要清洁、明亮，无污物。检查全面罩与面部贴合是否良好，气密性是否良好，检查方法是：关闭空气瓶开关，深吸数次，将正压式呼吸器管路系统的余留气体吸尽。全面罩内保持负压，在大气压作用下全面罩应向人体面部移动，感觉呼吸困难，证明全面罩和呼气阀有良好的气密性。

（8）空气瓶是否牢固，它和减压器连接是否牢固、气密。背带、腰带是否完好，有无断裂处等 。

2. 如何佩戴

（1）检查气瓶压力，同时确定气瓶完好固定在背板上。

（2）打开气瓶阀门，确定胸前压力表指针应在绿格之内。

（3）检查呼吸器整体有无泄漏情况，确定警笛能正常报警。

（4）认真检查需供阀和旁通阀是否正常工作。

（5）检查面罩组，确定面罩完好无泄漏，如图4-6所示。

（6）将呼吸器取出，两手臂分别穿入左右背带之内，让背板安置于后背。

（7）将身前的带子向前拉，用肩膀动作调整背带直到能紧靠稳固于背部，背带调整不要太紧，感觉重量应由背部承担为宜。

（8）扣上腰带扣子，必须束紧至舒适为止，再次调整背带直到适当分布于背部，如图4-7所示。

（9）打开空气瓶，让空气充满整个呼吸系统。

（10）戴好面罩，调整头带使面罩完全贴在面部，如图4-8所示。

图4-6 检查正压式呼吸器面罩

图4-7 扣上腰带扣子

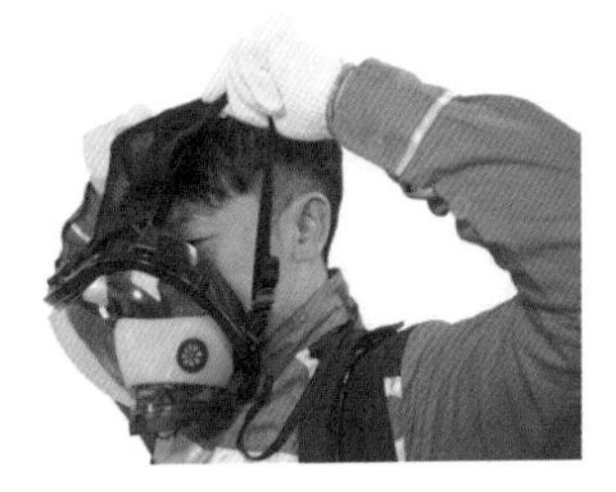

图4-8 戴上面罩

（11）将需供阀从腰间固定器取出，塞入面罩上的空气呼吸机构，听到“咔哒”一声，表示连接到位。

（12）作急促深呼吸启动呼吸阀，反复呼吸几次，确定空气流量。

（13）进入毒气、浓烟、缺氧的各种环境安全有效的进行工作。

（14）当气瓶压力降到5~6MPa时，警笛自动报警，应尽快撤至安全地带重新更换空气瓶后，方可再次进行作业。

四、维护与保管

1. 维护

（1）使用过的正压式呼吸器，首先将呼吸器恢复到备用状态。

（2）空气瓶压力低于15MPa要重新更换。

（3）对各部件进行必要的清洗，有些部件需要采用专门的工艺进行消毒、去污。

（4）仔细检查有无部件损坏，如有故障及时联系责任部门处理。

2. 保管

（1）必须存放在阴凉、清洁、干燥的地方。

（2）存放正压式呼吸器时应让空气瓶承重，背架朝上。

（3）正压式呼吸器如果处于备用状态，应每月进行一次检查。

（4）贮放时面罩不能被挤压，高压、中压管路应避免小圆弧折弯，压力表壳不能受压。

五、注意事项

（1）使用正压式呼吸器时，当呼吸突然感觉气流不畅，应及时逆时针转动旁通阀，增大空气流量，退至安全地带，卸下正压式呼吸器，全面检查。

（2）正压式呼吸器使用过程中如果吸气动作失灵，应按下黑色手动切换按钮，打开气路退至安全地带进行检查。

（3）在使用中，当压力降至报警点时，报警自动开启，此时要立即撤离工作现场退至安全地带，更换新空气瓶后方可继续工作。

（4）正压式呼吸器严禁私自拆卸，损坏部位应通知责任部门委派有资质的人员来进行修理。

（5）超期、过期的空气瓶严禁充装，且绝对不得使用改装空气瓶。

（6）每三年定期效验。

（7）按规定气瓶使用15年后，应强制报废。

第二节　担架

一、担架功能

在重大灾害发生后，需大量的运送伤员，使用担架，可节省人力，快速方便，且对病人有更好的保护，避免对伤员二次伤害。

二、各式担架的结构

1. 铲式担架

铲式担架是由左右两片铝合金板组成。搬运伤员时，先将伤员放置在平卧位，固定颈部，然后分别将担架的左右两片从伤员侧面插入背部，扣合后再搬运（配件：可调节联结带三根），如图4-9所示。

图4-9 铲式担架

2. 篮式担架

也叫“船型担架”（Stoke Basket），市面上常见的为两种类型：铝合金型、合成树脂型。它造型与其名称相似，像一艘“小船”。搬运被困人员时，被困人员被置于担架内，担架在四周“突起”边缘配合正面的扁带将被困人员“封闭”在担架内部。这样不会因担架的位移（如翻转、摇晃）而使被困人员脱离担架。在安全性的背后，也存在一些隐患。如被困人员过胖，且捆绑在其正面的扁带过紧加之操作时间过长，则容易引发被困人员胸闷、窒息（配件：可调节联结带三根、吊带一套），如图4-10所示。

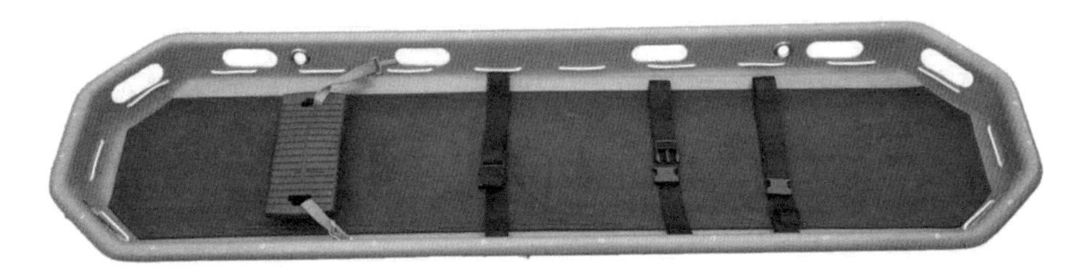

图4-10 篮式担架

3. 卷式担架

也叫“多功能担架”，用于消防紧急救援、深井及狭窄空间救护、地面一般救护、高空救助、化学事故现场救护。体积小，重量极轻，便于携带，应用范围广，可单人操作。可水平或垂直吊运。它与篮式担架在使用上相似，但重量更轻且可以卷入滚筒或背包中携带。它的原料是特种合成树脂，有抗腐蚀性，颜色一般是橘黄色。（配件：可调节联结带二根、拖带一套），如图4-11所示。

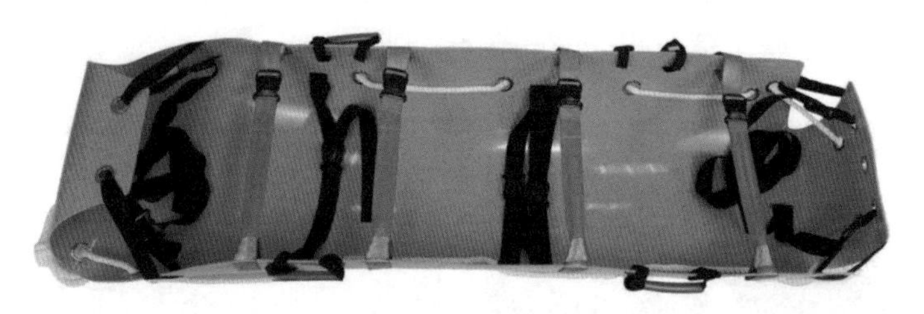

图 4-11　卷式担架

三、担架的使用

1. 采用体位

（1）仰卧位 。对所有重伤员，均可以采用这种体位。它可以避免颈部及脊椎的过度弯曲而防止椎体错位的发生；对腹壁缺损的开放伤的伤员，当伤员喊叫屏气时，肠管会脱出，让伤员采取仰卧屈曲下肢体位，可防止腹腔脏器脱出。

（2）侧卧位。在排除颈部损伤后，对有意识障碍的伤员，可采用侧卧位。以防止伤员在呕吐时，食物吸入气管。伤员侧卧时，可在其颈部垫一枕头，保持中立位。

（3）半卧位。对于仅有胸部损伤的伤员，常因疼痛，血气胸导致严重呼吸困难。在除外合并胸椎、腰椎损伤及休克时，可以采用这种体位，以利于伤员呼吸。

（4）俯卧位。对胸壁广泛损伤，出现反常呼吸而严重缺氧的伤员，可以采用俯卧位。以压迫、限制反常呼吸。

（5）坐位。适用于胸腔积液、心衰病人。

2. 上下担架

（1）搬运者三人并排单腿跪在伤员身体一侧，同时分别把手臂伸入到伤员的肩背部、腹臀部、双下肢的下面，如图 4-12 所示。然后同时起立，始终使伤员的身体保持水平位置，不得使身体扭曲。三人同时迈步，并同时将伤员放在硬板担架上。

（2）发生或怀疑颈椎损伤者应再有一人专门负责牵引、固定头颈部，不得使伤员头颈部前屈后伸、左右摇摆或旋转。四人动作必须一致，同时平托起伤员，再同时放在硬板担架上。起立、行走、放下等搬运过程，要由一个医务人员指挥号令，统一动作，如图 4-13 所示。

图 4-12 三人上下担架

图 4-13 四人上下担架

（3）搬运者亦可分别单腿跪在伤员两侧，一侧一人负责平托伤员的腰臀部，另一侧两人分别负责肩背部及双下肢，仍要使伤员身体始终保持水平位置，不得使身体扭曲。

四、注意事项

1. 搬运伤员之前要检查伤员的生命体征和受伤部位

重点检查伤员的头部、脊柱、胸部有无外伤，特别是颈椎是否受到损伤。

2. 必须妥善处理好伤员

首先要保持伤员的呼吸道的通畅，然后对伤员的受伤部位要按照技术操作规范进行止血、包扎、固定。处理得当后，才能搬动。

3. 在人员、担架等未准备妥当时切忌搬运

搬运体重过重和神志不清的伤员时，要考虑全面，防止搬运途中发生坠落、摔伤等意外。

4. 在搬运过程中要随时观察伤员的病情变化

重点观察呼吸、神志等，注意保暖，但不要将头面部包盖太严，以免影响呼吸。一旦在途中发生紧急情况，如窒息、呼吸停止、抽搐时，应停止搬运，立即进行急救处理。

5. 在特殊的现场应按特殊的方法进行搬运

发生火灾，在浓烟中搬运伤员，应弯腰或匍匐前进；在有毒气泄漏的现场，搬运者应先用湿毛巾掩住口鼻或使用防毒面具，以免被毒气熏倒。

6. 搬运脊柱或脊髓损伤的伤员

放在硬板担架上以后，必须将其身体与担架一起用三角巾或其他布类条带固定牢固，尤其颈椎损伤者，头颈部两侧必须放置沙袋、枕头、衣物等进行固

定，限制颈椎各方向的活动，然后用三角巾等将前额连同担架一起固定，再将全身用三角巾等与担架固定在一起。

第三节　急救药箱内急救物品

急救医药箱内一般常备的物品有止血带、纱布绷带、卷式夹板，其外形如图4-14所示。

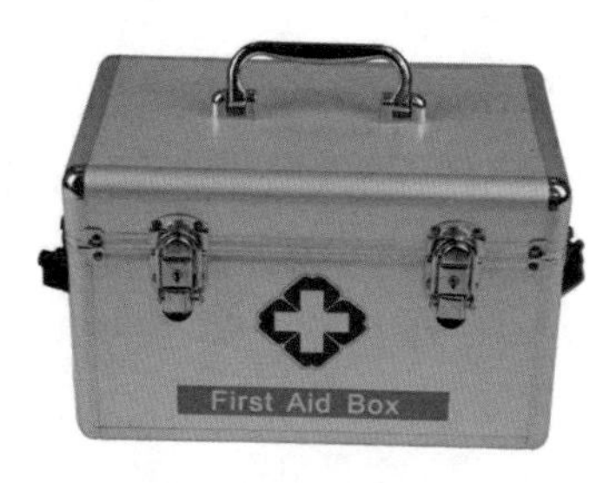

图4-14　急救医药箱

一、卡扣止血带

1. 功能

卡扣止血带是一种新型的止血带，有别于传统的止血带，它由塑料扣直接固定，固定后也不易松开，因此使用起来更方便、可靠。

2. 结构

卡扣止血带由塑料扣和伸缩带两部分组成。它是一种新型的止血带，有别于传统的止血带，它由塑料扣直接固定，固定后也不易松开，因此使用起来更方便、可靠。

三基卡扣式医用止血带由卡口、榫头、封口、和松紧带四部分组成，如图4-15所示。

图4-15　三基卡扣式医用止血带

3. 使用步骤

（1）打开包装。

（2）将止血带放置于正确位置。

（3）将卡扣扣紧，松紧适宜即可。

（4）闭合。绕行肢体把卡口与榫头相闭合。

（5）抽紧。一手扶稳卡口，另一手抽紧医用止血带一端，如图4–16所示。

图 4–16　扶稳卡扣

（6）松弛。需松弛医用止血带时，一手按压松弛按钮，上下用力拉动卡口，即可松开医用止血带。

（7）弹开。需松开医用止血带时，一手压紧卡口开关，将榫头自动弹出，即可打开医用止血带。

4. 注意事项

（1）第一次使用止血带（可单独操作）之前，须详细阅读操作流程，按照操作流程使用。

（2）按照说明书维护管理要求定期维护保养消毒，以协助确立产品功能状态，保持完整的记录，包括使用前检查保养的日期及产品的状况、执行者签名等。

（3）认真填写使用时的护理记录，记录内容包括上止血带的位置、拉力、压脉止血的时间，使用卡扣止血带前、后皮肤及组织的完好性，如图4–17所示。

图 4–17　填写护理记录

（4）每次使用前先检查卡扣止血带，插扣、榫头、弹性带是否完好（合为一体的除外），插扣、隼头是否匹配、牢靠。

（5）止血带拉力大小根据患者年龄、血管收缩压、止血带的宽度、肢体的大小而决定。就健康成人而言，上肢拉力：患者血压的收缩压加50~75mmHg；下肢压力：收缩压加100~150mmHg（国际手术室护士协会建议）。止血带拉力压脉过大或不足均可能造成神经伤害，不足的压力可能产生肢体静脉充血而造成神经的出血浸润。

（6）时间。止血带能安全使用的时间长短无一定的标准，通常由病患的年龄、生理状况及肢体的血管供应情形而定，就一般50岁以下的健康成人而言，手臂所使用的止血带应少于1h，大腿处则少于1.5h。

（7）部位。将气压止血带放置在靠近手肘和膝盖是较为适当的位置。若是放置在手臂或腿部的远端，止血带与骨之间的组织很薄，故可能造成神经的损伤。

（8）选择长短宽度适合的止血带。应尽可能挑选宽的止血带，因宽的止血带和皮肤接触的面积增大，可以较小的压力达到满意的止血效果，因其对止血带及边缘的神经所造成的压力较小，故可减少对神经和软组织的伤害，如瘀伤、起水疱、扭伤和皮肤坏死。

（9）上止血带方法。①使用止血带之前，先将止血带插扣完好；②用无皱纹保护垫垫在止血带下方的皮肤，除非使用说明书注明不可使用保护垫；③捆扎时松紧要适宜，以能容纳一指为宜；④止血带上好后，不可旋转移动位置；⑤消毒时注意保护止血带，避免消毒液流至止血带下方，造成皮肤化学灼伤。

（10）皮肤有损伤、水肿等情况，禁止使用止血带。

（11）血液病患者使用止血带要非常慎重。

（12）患有肿瘤的肢体，使用止血带时禁止使用驱血带驱血，在扎止血带之前将该肢体抬高45°角。

（13）止血带使用后，需进行紫外或者环氧乙烷消毒后方可再次使用。

5. 常见问题及处理

（1）卡扣式止血带应放在伤口的近心端。上臂和大腿都应绷在上1/3的部位。上臂的中1/3禁止上卡扣式止血带，以免压迫神经而引起上肢麻痹。

（2）上卡扣式止血带前，先要用毛巾或其他布片、棉絮坐垫，卡扣式止血带不要直接扎在皮肤上；紧急情况可将裤脚或袖口卷起，卡扣式止血带扎在其上。

（3）松紧要合适，过紧易损伤神经，过松则不能达到止血的目的。一般以不能摸到远端动脉搏动或出血停止为准。

（4）结扎时间过久，可引起肢体缺血坏死。因此要每隔1h（上肢或下肢）放松2~3min；放松期间，应用指压法暂时止血。寒冷季节时应每隔30min放松一次。结扎部位超过2h者，应更换比原来较高位置结扎。

（5）要有上卡扣式止血带的标志，注明上卡扣式止血带的时间和部位。用卡扣式止血带止血的伤员应尽快送医院处置，防止出血处远端的肢体因缺血而导致坏死。

二、纱布绷带

1. 功能

纱布绷带是包扎伤口处或患处的纱布带，用以固定和保护手术或受伤部位的材料，为外科手术所必备，是常见的医疗用品，有许多不同种类和多种包扎方法，需要根据受伤的部位来选择合适的种类和包扎方法。如图4–18所示。

图4–18 纱布绷带

2. 使用方法

（1）环形包扎法。用于肢体较小或圆柱形部位，如手、足、腕部及额部，也用于各种包扎起始时。绷带卷向上，用右手握住，将绷带展开约8cm，左拇指将绷带头端固定需包扎部位，右手连续环形包扎局部，其卷数按需要而定，用胶布固定绷带末端，如图4–19所示。

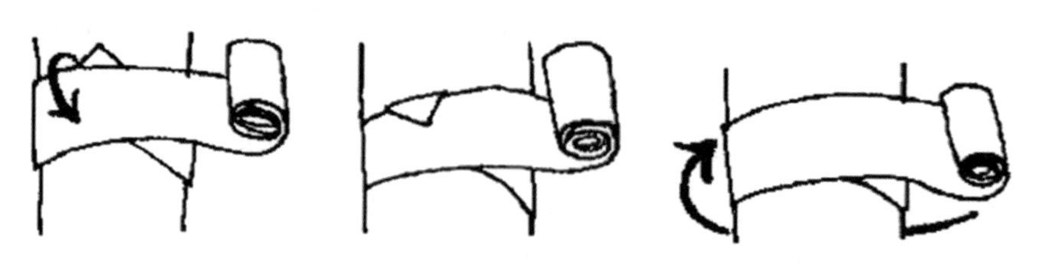

①绷带绕过一圈　　②再将前端反折　　③反复绕 2~3 圈即可

图 4-19　环形包扎法

（2）螺旋形包扎法。用于周径近似均等的部位，如上臂、手指等。从远端开始先环形包扎两卷，再向近端呈30°角螺旋形缠绕，每卷重叠前一卷2/3，末端胶布固定。在急救缺乏绷带或暂时固定夹板时，每周绷带不互相掩盖，称蛇形包扎法，如图4-20所示。

（3）螺旋反折包扎法。用于周径不等部位，如前臂、小腿、大腿等，开始先做二周环形包扎，再做螺旋包扎，然后以一手拇指按住卷带上面正中处，另一手将卷带自该点反折向下，盖过前周1/3或2/3。每一次反折须整齐排列成一直线，但每次反折不应在伤口与骨隆突处，如图4-21所示。

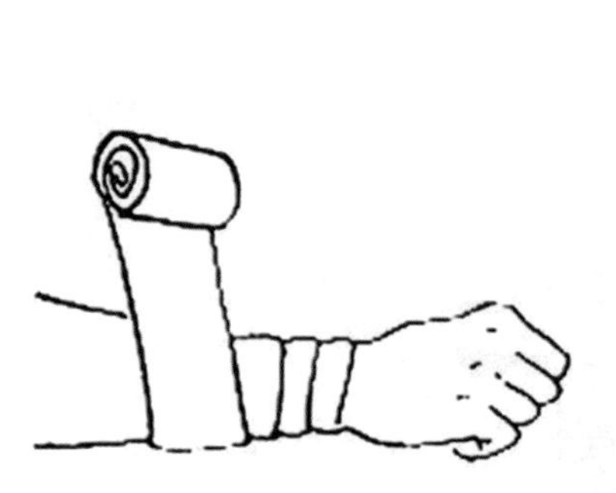

图 4-20　螺旋形包扎法

图 4-21　螺旋反折包扎法

（4）“8”字形包扎法。用于肩、肘、腕、踝等关节部位的包扎和固定锁骨骨折。以肘关节为例，先在关节中部环形包扎2卷，绷带先绕至关节上方，再经屈侧绕到关节下方，过肢体背侧绕至肢体屈侧后再绕到关节上方，如此反复，呈“8”字连续在关节上下包扎，每卷与前一卷重叠2/3，最后在关节上方环形包扎2卷，胶布固定。

（5）反回包扎法。用于头顶、指端和肢体残端，为一系列左右或前后反回包扎，将被包扎部位全部遮盖后，再作环形包扎两周，如图4-22所示。

图 4–22 反回包扎法

3. 注意事项

（1）伤者体位要适当。

（2）患肢搁置适当位置，使患者于包扎过程中能保持肢体舒适，减少病人痛苦。

（3）患肢包扎须在功能位置。

（4）包者通常站在患者的前面，以便观察患者面部表情。

（5）一般应自内而外，并自远心端向躯干包扎。包扎开始时，须作两环形包扎，以固定绷带。

（6）包扎时要掌握绷带卷，避免落下。绷带卷且须平贴于包扎部位。

（7）包扎时每周的压力要均等，且不可太轻，以免脱落。也不可太紧，以免发生循环障碍。

（8）除急性出血、开放性创伤或骨折病人外，包扎前必须使局部清洁干燥。

（9）戒指、金链镯及手表项链等于包扎前除去，具体过程如图 4–23 所示。

①往脚踝的方向先在脚掌处缠绕二至三圈，再绕过脚踝

②在脚背处交叉，再绕过脚掌，然后在脚尖处缠绕

③最后在小腿处绕两圈，打结即可

图 4–23 两形包扎法

三、卷式夹板

1. 功能

卷式夹板，也叫铝塑夹板或万能夹板。由IXPE（聚乙烯交联发泡塑料）包裹铝板而成，是一种新型的骨折固定器具。卷式夹板一般卷成圆柱状，也有的折成方形，如图4-24所示。

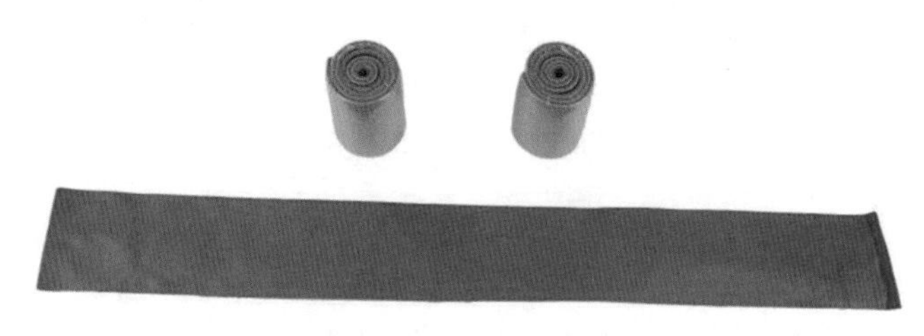

图4-24　卷式夹板

2. 结构

常见的圆柱状卷式夹板的展开尺寸是11cm×91cm，也有11cm×45cm的。

3. 使用方法

（1）肩关节扭损、脱臼。将夹板塑形为三脚架，支撑受伤手臂。

（2）手指损伤复位固定。将夹板包裹手指或对着使用。

（3）颈部扭伤挫损固定。将夹板沿颈部塑形，起稳定、支撑作用。塑形时需折出凸槽，以避免对颈动脉的压迫。

（4）固定肢体。将夹板塑形为柱面体，包裹受损部位。

使用方法如图4-25所示。

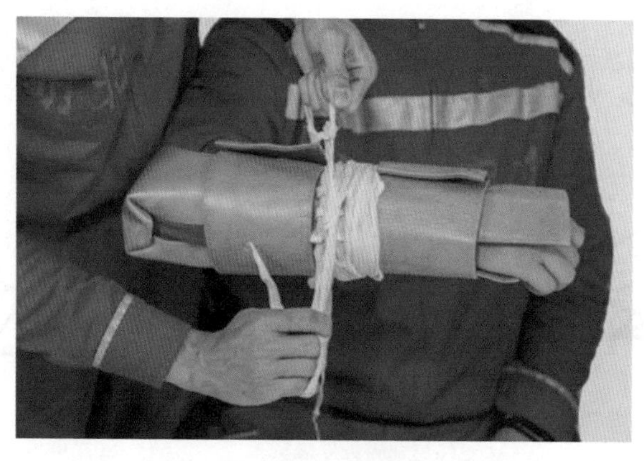

图4-25　卷式夹板使用方法

4. 注意事项

（1）该夹板由高分子聚合材料制成，柔中带有强度，可随意塑造成型，配合绷带一起使用，起到肢体或关节的快速固定作用。X线可透。

（2）卷式夹板裁剪过后，会露出里面的铝板，容易划伤皮肤，所以应将剪过的部位卷起来。

急救箱常用器材见表4–1，急救箱常用药品见表4–2。

表4–1　急救箱常用器材表

序号	名称	规格	数量	作用
1	三角巾	1.2m × 1.2m	5根	用于头部、躯干、四肢的止血、包扎
2	纱布绷带	4cm、6cm、8cm	各2卷	用于外伤的止血、包扎及夹板固定
3	止血带	20cm	5根	用于大动脉血管损伤止血
4	卷式夹板	2m	2卷	用于四肢骨折损伤固定
5	一次性无菌垫单	80cm × 60cm	1包	用于胸腹部等大面积外伤的包扎
6	棉签		5包	用于消毒
7	体温计		1个	用于测量体温
8	腕式血压计		1个	用于测量血压、脉搏
9	听诊器		1个	用于听呼吸音、心率
10	剪刀	14cm	1把	用于剪衣裤、纱布及绷带等
11	舌钳	14cm	1把	用于牵引舌头
12	弹力网帽	10cm × 20cm	5个	用于头部头皮外伤止血包扎
13	包扎弹力网	20cm × 30cm	5个	用于四肢大面积外伤止血包扎
14	胶布		4卷	用于粘贴固定
15	颈托	四合一	1个	用于固定受伤颈椎和保护颈椎
16	开口器（不锈钢）		1个	用于打开口腔、利于呼吸道通畅

续表

序号	名称	规格	数量	作用
17	橡胶手套	大号、中号、小号	各2副	用于保护救护人员手
18	氧气钢瓶（甲级）		1套	用于储存氧气
19	医用脱脂棉	500g	6包	用于填塞加压包扎
20	一次性空针	50ml、20ml	各2具	用于眼部外伤的冲洗及吸痰
21	吸痰管	大号、中号、小号	各2根	用于清洁口腔分泌物、保持呼吸道通畅
22	笔式电筒	10cm	1个	用于检测瞳孔对光反射
23	纱布块	6cm × 6cm	1包	用于外伤伤口包扎

表4-2　急救箱常用药品表

序号	名称	数量	作用
1	活力碘	2瓶	用于消毒
2	脱碘棉签	10包	用于消毒
3	烧伤膏	2支	用于涂烧烫伤创面
4	创可贴	2盒	小伤口贴敷止血
5	眼药水	3瓶	用于滴眼
6	云南白药喷雾剂	1盒	用于急性闭合性软组织损伤
7	速效救心丸	1盒	用于心绞痛、冠心病急发
8	人丹	1盒	中暑急救
9	风油精	2瓶	用于防治蚊叮虫咬
10	生理盐水	500ml × 2袋	用于冲洗外伤伤口

第五章　应急通信类

第一节　车载无线电台

一、车载无线电台的用途

车载无线电台是接到应急任务后常备的双向移动通信工具，用于应急成员间联络和指挥调度，可进行一对一、一对多的通话，一按就说，能进行行进中的通信联系，满足紧急调度和集体协作工作要求。通信距离在无障碍遮挡的开阔地带时一般可达10km以上，使用中无需网络覆盖、无话费，可不考虑网络资费。

二、车载无线电台的结构

车载无线电台由主机及手咪、天馈线系统和电源组成。

1. 主机和手咪

主机和手咪是车载电台的主体部分，在同一频率下可以跟手持机进行通话，如图5-1所示。

图5-1　车载主机和手咪

2. 天馈线系统

天馈线系统由天线、馈线和底座组成，如图5-2所示。

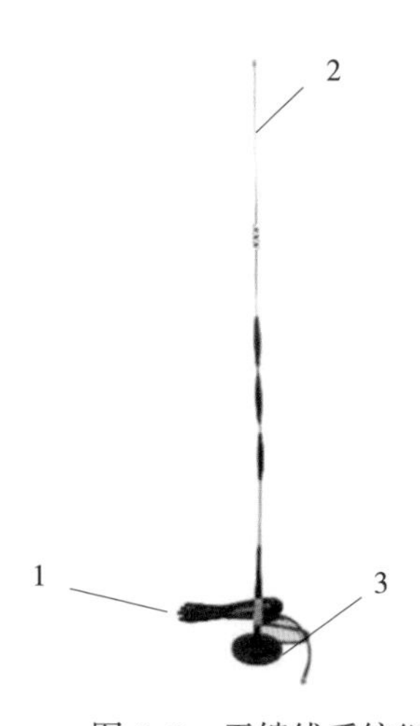

图 5-2　天馈线系统组成

1- 馈线；2- 天线；3- 底座

3. 电源

车载无线电台的电源一般直接使用车载直流电源，电压等级为12、24V或48V。

三、车载无线电台操作步骤

车载无线电台操作步骤示意图如图5-3所示。

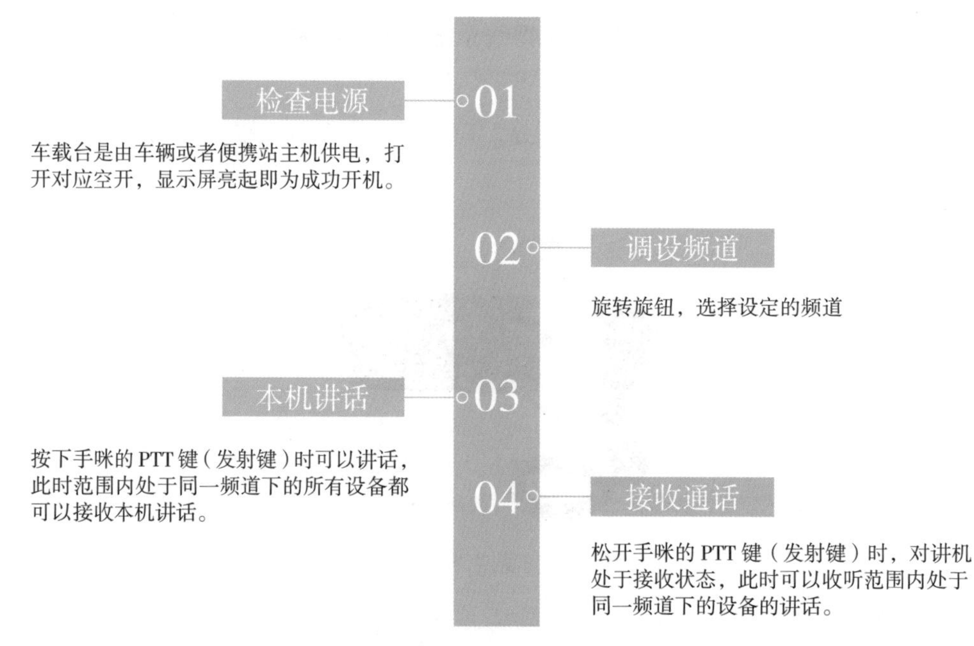

图 5-3　车载无线电台操作步骤示意图

四、操作注意事项

1. 使用操作

（1）控制电台话筒位置，以免话筒处于常发状态干扰通信工作或造成电台烧坏。

（2）没有接到呼叫信号时，避免乱问乱叫，避免横向联系。

（3）使用时禁止进行多次开关机操作，同时调整合适音量。

（4）车载电台外接电源时，禁止超出使用电压范围，以免损坏电台。

2. 关于天线

（1）无线通信设备没有装天线时禁止发射。

（2）使用过程禁止拧动天线或弯折天线。禁止使用开胶断裂天线，以免影响通话质量，甚至烧毁功率放大器。

五、常见故障及处理方法

车载无线电台常见故障及处理方法见表5-1。

表5-1　车载无线电台常见故障及处理方法

故障现象	故障原因	处理方法
无法开机	主机损坏	更换主机或送修
无法通话	信道不匹配	选择相同信道
	频率不匹配	设置到相同频率
	信令不相同	设置到相同信令
	主机损坏	更换主机或送修
	天线损坏	更换天线或送修
信号不清晰	无线电干扰	更换信道或频率
	位于通信临界位置	缩短通信距离
	地处低洼处	升高本机位置

六、日常维护及保养

（1）轻拿轻放，禁止手提天线移动对讲机。

（2）应使用原配或认可的天线。未经认可的天线，经改装或增添了附件的天线可能违反信息产业部无线电管理局的规定。

（3）使用时，禁止用手拿天线。

（4）禁止使用损坏的天线。在发射时，损坏的天线接触皮肤，可能导致灼伤。

第二节　短波无线电基地台

一、短波无线电基地台的用途

在卫星、4G、3G等通信网络中断的情况下可以使用短波通信手段。使用短波通信手段首先要开启短波无线电基站，确保双方处于同一信道下，在基站覆盖范围内可以进行短波通信。与其他通信方式相比，短波是一种不受网络、枢纽、有源中继站制约的远程通信手段。在山区、戈壁、海洋等地区，超短波覆盖不到，也可采用短波通信。短波通信的信号质量虽然不如其他通信工具，但在应急和战备条件下以及在特定地区适宜采用。

二、短波无线电基地台的结构

短波无线电基地台由短波基站及短波电台终端组成。

1. 短波基站

短波基站属于系统自建基站，由短波基站天线及短波信号处理器组成，处于开启状态，且各指标已经预设好，无需做其他配置和更改。

2. 短波基站天线（三线式）

三线式短波天线由基座、天线、支撑杆等组成，是一种性能优良的全频段短波基站天线，在0~2500km距离内能够保持良好的通信效果，在全世界获得广泛应用。三线天线采用三极结构，辐射效率高，各频点性能均匀，重量轻，架设状态平稳，抗风能力强，不需要配接天调。在10MHz以下较低频段工作时，提供高仰角，有利于克服30~100km内的通信盲区。在宽边、窄边方向都有很强的辐射，因而对360°全方向都能通联络，短波基站天线如图5-4所示。

图 5-4 短波基站天线

3. 短波信号处理器

（1）短波信号处理器前面板如图 5-5 所示。

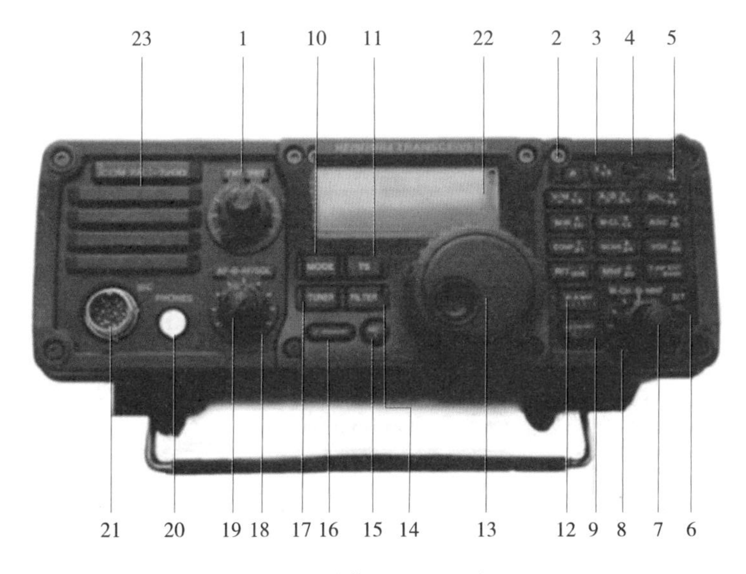

图 5-5 短波信号处理器前面板

1- 通带调整控制旋钮；2- 消噪按键；3- 减噪按键；4- 自动带阻滤波 / 度量按键；5- 键盘输入区；6-RIT 控制指示灯；7-M-CH/RIT 控制旋钮（内圈旋钮）；8- 手动带阻滤波器控制（外圈旋钮）；9-M-CH/RIT · SET 综合设置按钮；10- 工作模式选择按键；11- 步进选择按键；12- 使用此按键可对信号进行前置放大或衰减；13- 改变频率或改变设置的项目；14- 选择滤波器 / 设置模式按键；15- 按下此键可以进入语音合成器等级的选择 / 按住此键可进行锁定；16- 开关机按键；17- 天调功能的开启与关闭；18- 调整射频增益和静噪灵敏度；

19- 扬声器音量输出调整；20- 耳机插孔；21- 手咪接口；22- 显示器；23- 扬声器

（2）短波信号处理器后面板如图5–6所示。

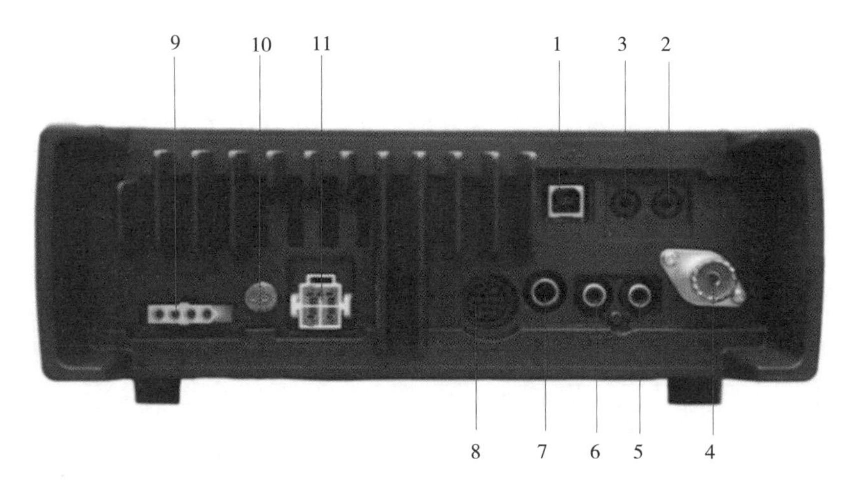

图5–6　短波信号处理器后面板

1–USB接口；2–外接扬声器插口；3–CI–V远程控制端口；4–天线插座；5–ALC输入端口；6–发射控制端口；7–电键插口；8–附件插座；9–天调控制线插座；10–地线接口；11–直流电源插座

4. 短波电台终端

（1）短波电台终端前面板如图5–7所示。

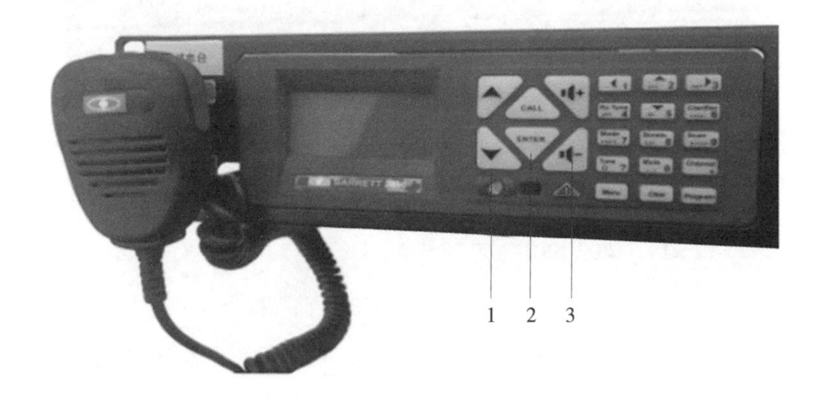

图5–7　短波电台终端前面板

1–电源开关键；2–红外端口；3–警报键

红外端口采用标准红外线通信协议，用于电台编程等操作。前面板共有23个按键，中部键盘的6个键用于功能控制，右侧键盘的15个按键多为数字、字母、功能混合键（有些功能的实现取决于按住键的时间长短）。具体按键功能见表5–2。

表5-2 短波电台终端前面板按键功能图

键的外观	主功能	辅助功能
	电源开关控制	无
	信道上行	翻页键
	信道下行	翻页键
	音量增加	无
	音量降低	无
CALL	呼叫	无
ENTER	进入	无
	报警、发送紧急选呼或者音频警报	无
Menu	进入菜单	辅助编程
Tune ?	天线调谐	无
Clear	清除，返回上一步	十进制小数点
Channel •	直接切换信道	无

续表

键的外观	主功能	辅助功能
Program	进入编程	无
◀ 1	左移	数字键 1
▲ abc 2	上移	字母 abc / 数字键 2
def ▶ 3	右移	字母 def / 数字键 3
Rx Tune ghi 4	调谐接收	字母 ghi / 数字键 4
▼ jkl 5	下移	字母 jkl / 数字键 5
Clarlfler mno 6	干扰消除器（频率微调）	字母 mno / 数键 6
Mode pqrs 7	选择工作方式 USB，LSB，AM，CW，AFSK	字母 pqrs / 数字键 7
Scram tuv 8	跳频和加密的开或关	字母 tuv / 数字键 8
Scran wxyz 9	控制扫描按住 2 秒，选择扫描表	字母 wxyz / 数字键 9
Mute ⎵ 0	选择静噪方式	空格 / 数字键 0

（2）短波电台终端的后面板如图5-8所示。

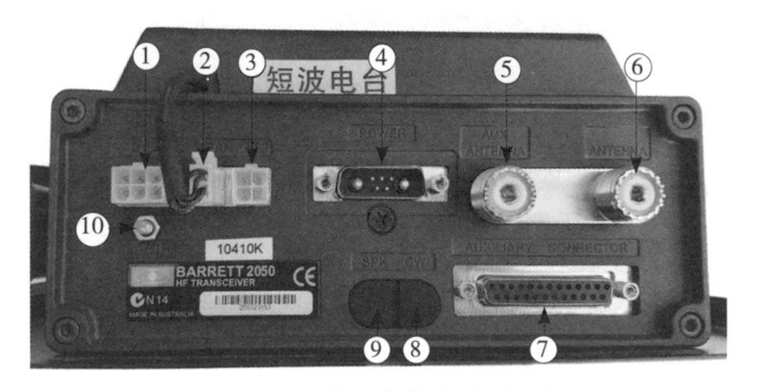

图5-8 短波电台终端的后面板

1-GPS 接收机（P/N BCA20009）插口（用于 GPS 定位）；2-散热风扇（P/N BCA20002）插口（在数传等持续高负荷条件下使用）；3-自调谐车载天线或自动天调插口；4-电源输入及扬声器输出插口；5-辅助天线插口；6-主天线插口；7-25芯辅助插口（用于连接2023或2024调制解调器等多种用途）；8-CW手电键（P/N BCA20014）插口；9-外接音箱和外接耳机（P/N BCA20015）插口；10-机壳接地端子

三、短波无线电基地台操作步骤

在电台使用前，安装原装车载短波天线，竖起短波天线底座。在车内打开短波电源开关，开启短波电台主机。

1. 开机

按住电源开关键1秒，电台开启如图5-9所示。进入主界面如图5-10所示。

图5-9 开启短波电台主机

图 5-10　短波电台主机开启后的主界面

2. 查看当前信道信息

在保护菜单下，翻页选择至Selcall Setting画面，双击ENTER键，进入本机ID设置页面，设置本机ID、名称、模式，按ENTER键确认。按住Channel键2s以上，进入当前信道信息页面，可翻页查询，如图5-11所示。

图 5-11　查看当前信道信息

3. 设置本机 ID

按住Menu键2s以上，进入保护菜单（Protected），如图5-12所示，设置本机ID如图5-13所示，保存设置的ID信息如图5-14所示。

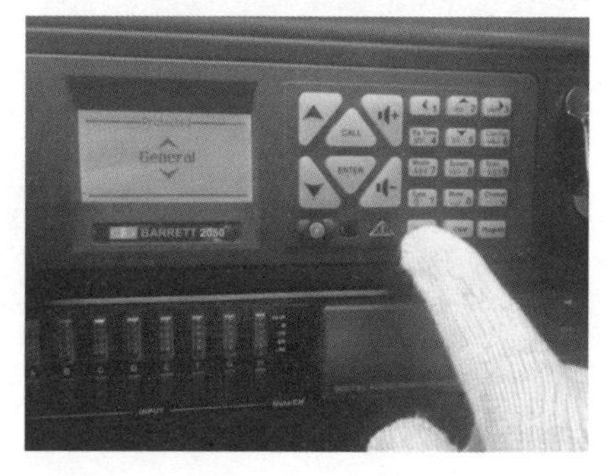

图 5-12　进入保护菜单

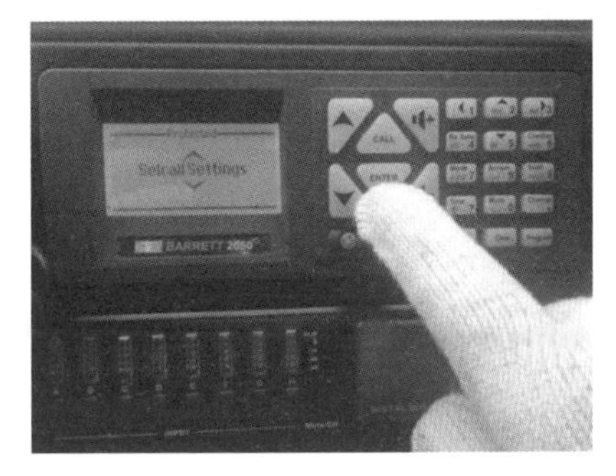

图 5-13　设置本机 ID

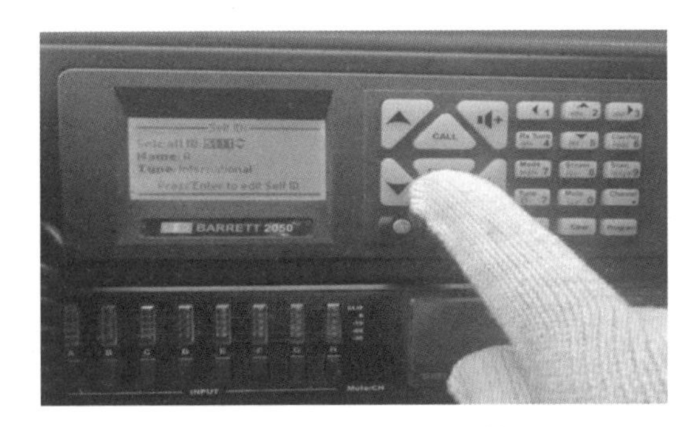

图 5-14　保存设置的 ID 信息

4. 发送选呼

按CALL键，翻页选择Selcall，如图5-15所示。按CALL键，键入对方台ID，按CALL键发出呼叫，收到回铃表示呼通，如图5-16所示。

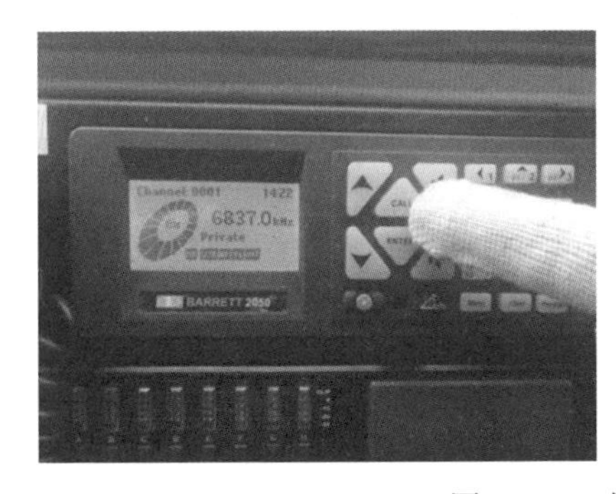

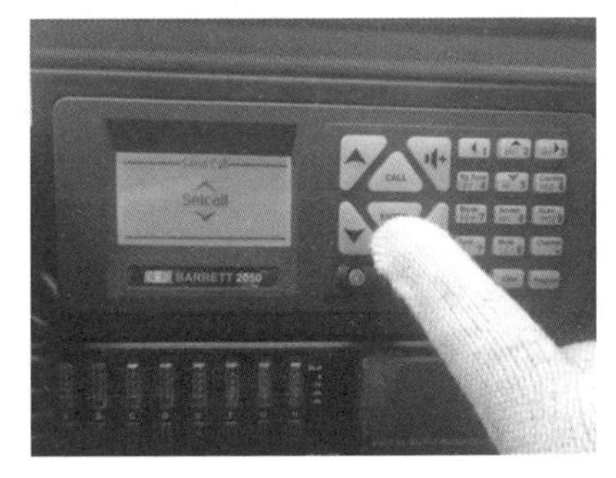

图 5-15　选择对方电台

5. 使用手咪

按住 PTT 键讲话；讲话时手咪靠近嘴边，吐字要清楚；一段话结束时，应向对方说“完毕”，然后松开 PTT 键。通过手咪上端的上行键和下行键对电台信道进行切换。使用手咪如图5-17所示，使用手咪通话如图5-18所示。

图 5-16　呼叫对方电台

图 5-17　使用手咪

图 5-18　使用手咪通话

四、注意事项

1. 短波信号处理器

（1）在接通电源确保已使用避雷器，使天线避免雷击。

（2）为避免电击、电视干扰（TVI）、广播干扰（BCI）或其他问题，须使用后面板上的 GND 端子将信号处理器接地（不可将接地端接在电力或燃气管线上，否则有遭受电击或引发火灾爆炸的危险。）。

（3）气温较低时开机，液晶显示屏可能偏暗甚至显示不稳定，这是正常现象，并不意味机器本身出了问题。

2. 车载天线

（1）天线鞭直立时应小心避免刮碰（例如过隧道）损坏。此外，天线鞭拉弯使用，车辆回库后应恢复直立状态，避免长期弯曲疲劳变形。

（2）暴露在车外的射频电缆和控制电缆，可能出现碰损或接头防护物脱开导致锈蚀等情况。

（3）车载蓄电池。如果用后车蓄电池供电，由于车载蓄电池的承载负担很重，不但为电台供电，还要为车辆和其他设备供电，容易出现老化放电，造成电台，因此在电台通信时，车辆应发动充电。

五、常见故障处理

短波无线电基地台常见故障处理见表5–3。

表5–3　短波无线电基地台常见故障处理

故障现象	故障原因	处理方法
电台与天线不匹配	射频馈线阻抗不对	调节射频馈线阻抗
	天线振子被风刮坏，或接头部位断线、振子搭线等	更换振子搭线，重新连接断线
产生“电手”现象	射频电缆外部铜层未接地	将射频电缆外部铜层接地
电台被静电电涌击坏	未加同轴防雷器或同轴防雷失效、地线一路	增加同轴防雷器
调谐不正常	自动天调未加电或输入电压过低、接地不良等	调整输入电压，检查接地
电台工作不正常	电瓶老化或新电瓶质量差	更换新电瓶或送修
	在电台上配接不同工厂生产的数传设备或控制设备等，容易出现接口定义错误或参数不匹配	检查接口定义和参数是否匹配
	接头部位锈蚀、断路、短路	检查接头部位，及时更换故障的接头
	本站电台与对方电台的设置不一致	检查两端电台设置
地线电位上升，其他电台工作不正常	多部电台及多副天线共用一套地线系统时，某副天线损坏后性能变异	检查天线，及时修理

续表

故障现象	故障原因	处理方法
射频自激	数传系统和遥控系统等，因机壳、缆线和接头屏蔽不良	检查机壳线缆接头屏蔽状况
信号不清晰	电池电压不足	充电或更换电池
能调谐，但通信不好	车载鞭天线安装位置不对，以及车辆地线不符合技术要求	检查车载鞭天线位置，检查车辆接地线
单兵台听基站信号好，基站听单兵台不好	单兵台天线架设不对导致通信效果差	重新调整单兵台天线

六、日常维护及注意事项

1. 基站天线

基站天线使用一段时间后，应定期检查电缆接头的防护情况，出现问题多是电缆接头密封失效或风摆拉扯等原因导致锈蚀或断线。注意在强风过后，检查天线及塔架是否完好无损。

2. 同轴防雷器

同轴防雷器属于消耗性器材，使用一段时间后会失效，需要定期更换。南方地区宜半年至一年一换，北方地区宜一至两年一换。更换周期还与防雷器本身的性能有关，惰性气体防雷器更换周期还应缩短。

3. 基站电源和蓄电池

高质量稳压电源长期稳定工作寿命至少在十年以上，但使用中应注意交流供电条件的变化以及线缆可能发生的老化和碰损等情况。

蓄电池目前使用最多的是12V免维护铅酸蓄电池，这类电池的循环充电寿命较短，一般在使用两年后，由于极板和电解液老化，内阻会明显加大，电容电量明显减少，造成电台发射时端电压下降过多，不能正常工作，或工作时间过短。因此，蓄电池应定期更换。

4. 车载蓄电池

车载蓄电池更易老化，建议每年更换。

5. 车内线缆

由于经常载人载物，车内布线容易出现碰损，应注意检查和排除。

第三节　手持无线电台

一、手持无线电台的用途

手持无线电台是一种相对于车载无线电台、固定基地台等更为灵活、便捷的电台，特别适用于应急人员移动时通信沟通。通信距离在无障碍遮挡的开阔地带时一般可达5km。手持无线电台体积小、重量轻、功率小，携带时只需手持或袋装，使用中无需网络覆盖、无话费，可不考虑网络资费。

二、手持无线电台的结构

手持无线电台由主机、对讲机电池、对讲机天线、充电器组成，如图5-19所示。

图 5-19　手持无线电台组件

（1）主机。主机一般包括面壳、PTT按键、耳机和话咪插孔、音量开/关钮、频道旋钮、指示灯、MIC等。PTT按键起发射开关的作用，一般在侧面。指示灯指示工作状态，一般在顶部。对讲机的顶部还有音量开/关钮、频道旋钮（选择频道），如图5-20所示。

（a）正面；（b）背面

图 5-20　手持机主机

（2）电池。电池分为Ni-Cd、Ni-MH电池，容量有600、900、1100、1300、1500、1700、1800、2000、2200、2400mAh等。Ni-Cd和Ni-MH电池使用较普遍，一般大容量电池推荐用Ni-MH电池。电池面、底壳采用超声波焊接，牢固可靠。对讲机电池如图5-21所示。

图5-21　对讲机电池

（3）皮带夹。皮带夹将对讲机固定在皮带上，为方便使用皮带夹可拆卸。如图5-22所示。

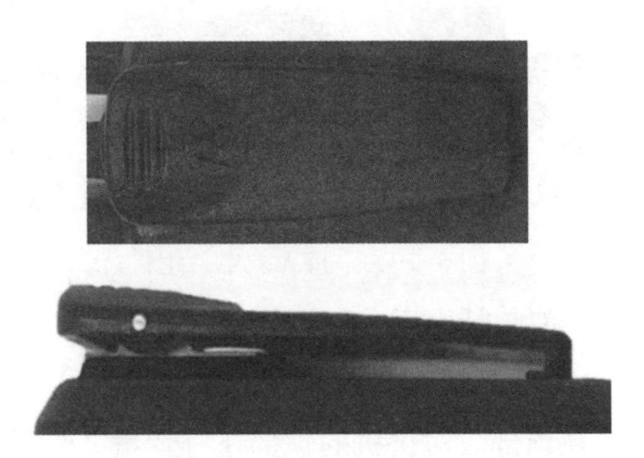

图5-22　对讲机皮带夹

（4）天线。天线分为天线外套和天线芯两部分。天线外套用高性能的TPU材料，抗弯折、耐老化性能佳；天线芯一般采用螺纹结构与主机相连，拆卸方便，如图5-23所示。

图5-23　对讲机天线

（5）对讲机座充。与DC电源共用对电池或整机进行充电。结构一般有DC插座、充电弹片、指示灯等。DC插座与DC电源相连，弹片与电池极片相连，指示灯指示充电状态。座充一般可对电池和整机充电，如图5-24所示。

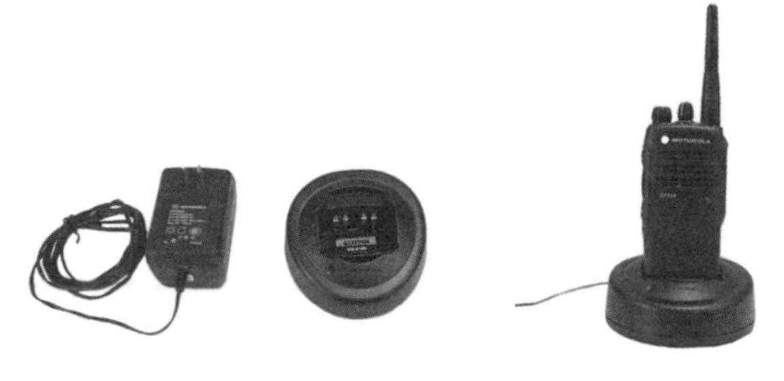

图 5-24 对讲机座充及组件

三、手持无线电台操作步骤

手持无线电台操作步骤示意图如图 5-25 所示。

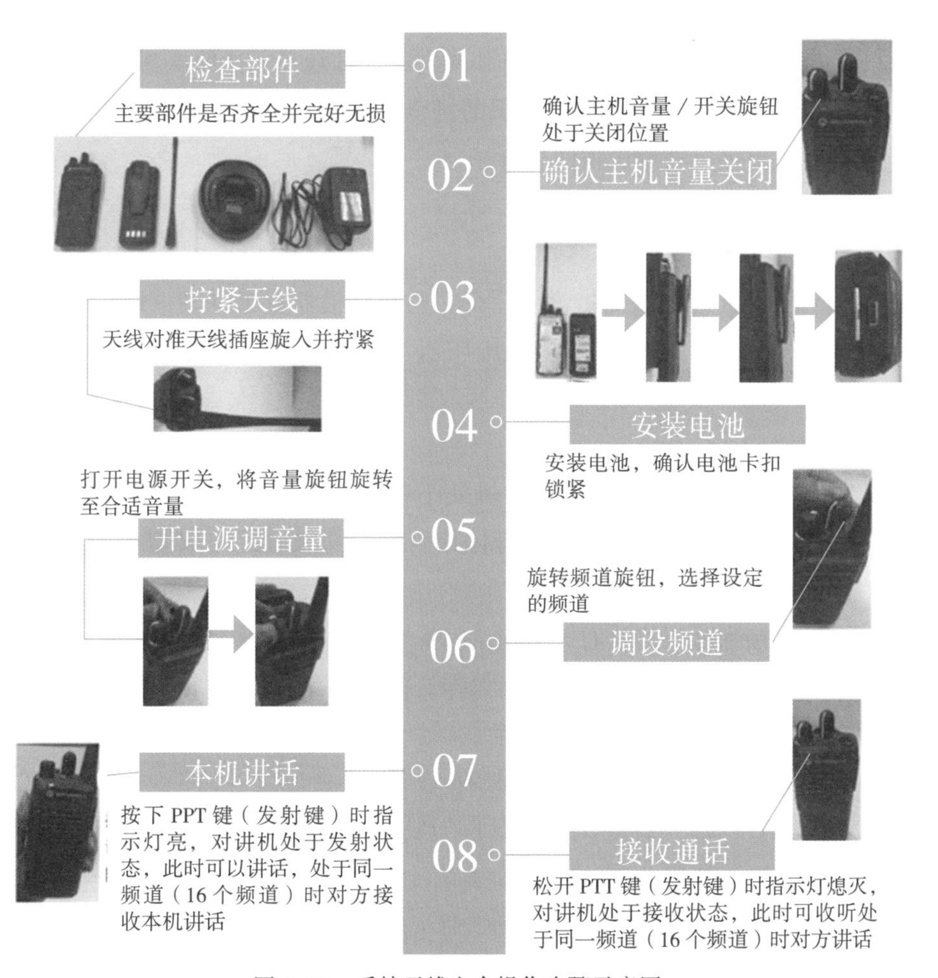

图 5-25 手持无线电台操作步骤示意图

四、操作注意事项

1. 使用环境

（1）在带有安全气囊的车上，禁止将对讲机放在气囊展开时可能涉及的范围内。对讲机处于气囊展开时可能涉及的区域范围，气囊迅速展开后对讲机可能随巨大冲击力，伤及车内的人员。

（2）处于有潜在爆炸危险的环境或场合，除非对讲机经特殊认证，否则须关闭对讲机。这是因为有潜在爆炸危险的大气环境中，电火花会导致爆炸或火灾。

（3）禁止在有潜在爆炸危险的大气环境下更换电池或对电池充电，否则会引起接触电火花并导致爆炸。

（4）在邻近爆破区和雷管所在区域，须先关闭对讲机，以免引起爆炸。

（5）禁止金属导体，如珠宝首饰、钥匙或珠链触及电池的裸露电极。

（6）在贴有“关闭对讲机”标识的场合应关闭对讲机，如乘坐飞机、处于医院或其他使用保健医疗设备的场合。

（7）手持电台在离大功率电台一米内，禁止使用，以防烧坏喇叭；远离计算机，以免发生干扰。

（8）阴雨天气应尽量保持设备干燥，禁止将机器置于空调下风吹，以免进水氧化电路板，在室外使用时应佩戴防水套膜，包括某些具有防水效果的对讲机。

2. 使用操作

（1）对讲机发射时，保持对讲机处于垂直位置，话筒与嘴部间距为2.5~5cm。发射时，对讲机距离头部或身体至少2.5cm。如果手持对讲机随身携带，发射时天线距离人体至少2.5cm。

（2）没有接到呼叫信号时，避免乱问乱叫，避免横向联系。

（3）使用时禁止进行多次开关机操作，同时把音量调整到合适音量。

3. 关于天线

（1）无线通信设备没有装天线时禁止发射。

（2）使用过程禁止拧动天线或弯折天线。禁止使用开胶断裂天线，以免影响通话质量，甚至烧毁功率放大器。

4. 电池及充电

（1）手持无线电台充电时不能发射，应关闭电源开关再充电。充电应在

5~40℃环境中进行。

（2）手持无线电台一般为3.7、7.4V电压范围，外接电源时禁止超出使用电压范围，以免损坏电台。

（3）手持电台充电器禁用于其他电池充电，电台禁止使用一般电池，应使用原配或认可的电池。防止“电水”进入腐蚀电台，禁止手持台电池挪作他用。

五、常见故障及处理方法

手持无线电台常见故障及处理方法见表5–4。

表5–4 手持无线电台常见故障及处理方法

故障现象	故障原因	处理方法
无法开机	电池电压不足	关机充电
	电池损坏	更换电池
	主机损坏	更换主机或送修
无法通话	信道不匹配	选择相同信道
	频率不匹配	设置到相同频率
	信令不相同	设置到相同信令
	主机损坏	更换主机或送修
	天线损坏	更换天线或送修
信号不清晰	电池电压不足	充电或更换电池
	无线电干扰	更换信道或频率
	天线开胶或断裂	更换天线或送修
	天线接触不良	旋紧天线
	位于通信临界位置	缩短通信距离
	地处低洼处	升高本机位置

六、日常维护及保养

（1）对讲机长期使用后，按键、控制旋钮和机壳易积灰，清理时应取下控制旋钮，并用中性洗剂（禁止使用强腐蚀性化学药剂）和湿布清洁机壳。使用诸如除污剂、酒精、喷雾剂或石油制剂等化学药品都可能造成对讲机表面或外壳损坏。

（2）轻拿轻放对讲机，禁止手提天线移动对讲机。

（3）不使用附件时，（若有装备）请盖上防尘盖。

（4）用原配或认可的电池。

（5）如果金属导体如珠宝首饰、钥匙或珠链触及电池的裸露电极，可能引起人身伤害。应谨慎处理满电电池，尤其是装入口袋、皮夹或其他有金属的容器时。

（6）充电应在5~40℃环境中，超温会影响电池寿命或充电不充分。

（7）应使用原配或认可的天线。未经认可的天线，经改装或增添了附件的天线可能会损坏对讲机或违反工业和信息化部的规定。

（8）禁止用手拿天线。

（9）对讲机天线不能拧下，否则功率管在发射时容易损坏。

（10）禁止使用损坏的天线。在发射时，损坏的天线接触皮肤，可能导致灼伤。

第四节　卫星电话

一、用途

卫星电话在应急任务中是必备的通信工具。如图5-26所示，应急通信也就是只有在特定的时间或者特定的环境才会启用的一种通信方式，目前应急通信的手段包括普通的无线通信和卫星的应急通信，普通的无线通信受距离的影响，在小的范围应用可以，而卫星电话的全天候性比较强，通过卫星的覆盖范围较广，卫星在太空不容易受到地面自然灾害的破坏。一旦发生了应急情况，普通的通信受到影响的时候，卫星电话此时正好可以派上用场。

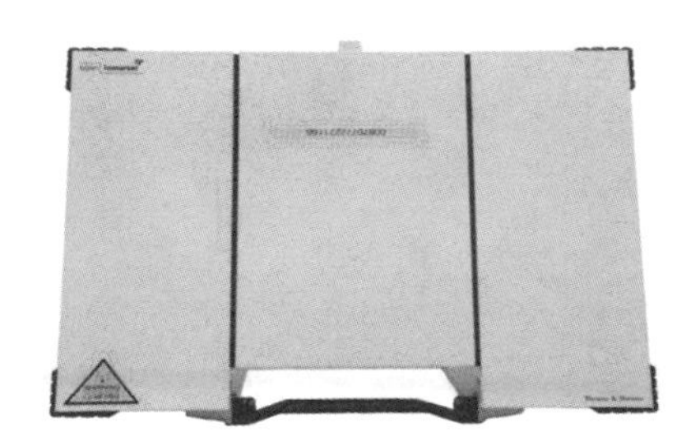

图 5-26 海事卫星电话

二、卫星电话的终端安装及操作

网络结构示意图如图5-27所示，海事卫星电话组件如图5-28所示，主机接口如图5-29所示。

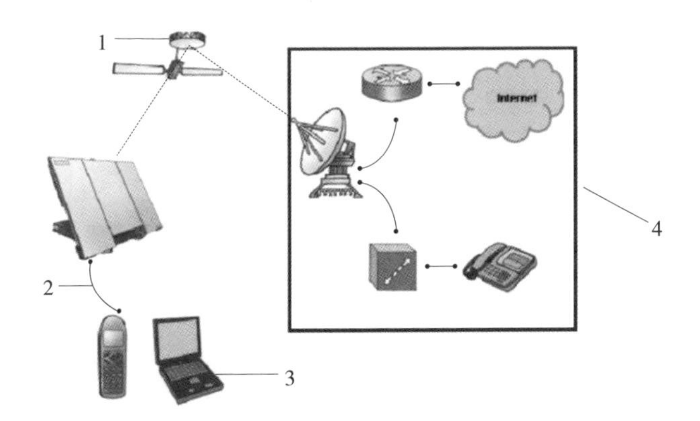

图 5-27 网络结构示意图

1- 卫星；2-BGAN；3- 电话、笔记本等终端；4- 卫星电话另一端接收方式及终端

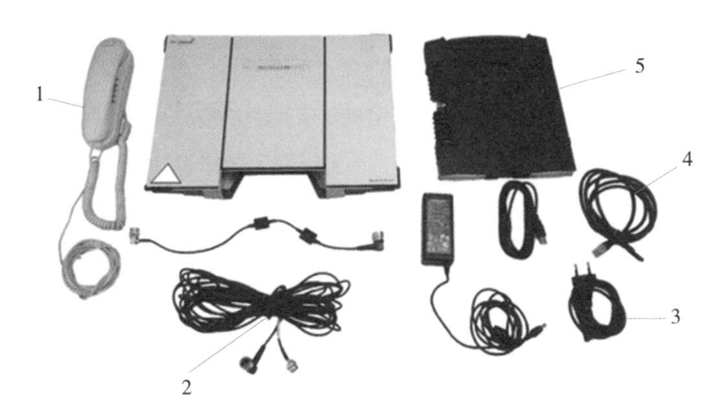

图 5-28 海事卫星电话组件

1- 电话；2- 天线馈线；3- 电源线；4-USB 线；5- 主机

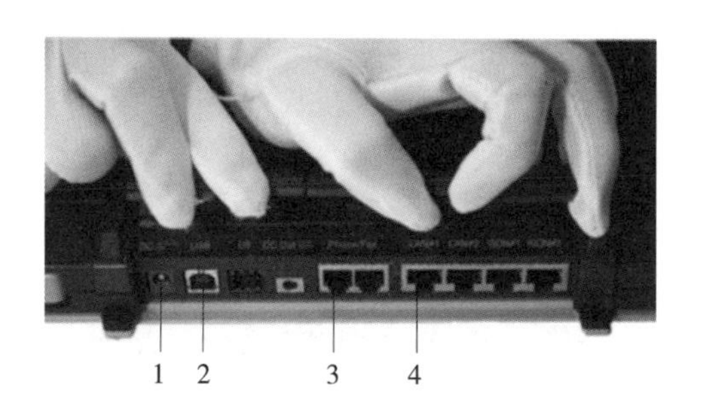

图 5-29　主机接口

1- 电源接口；2-USB 端口；3- 电话接口；4- 以太网接口

1. 卫星电话组件

（1）主机。主机是卫星电话的主体部分，其中液晶显示、电池、各主要接口都在主机上。

（2）天线。天线是卫星电话接收信号的载体，上面附带指南针，用来提示天线对星的方位。主机与天线的连接见图5-30。

（3）天线馈线。主机和天线可以分离，配置长短两根天线馈线，根据不同环境选择适合的长度。

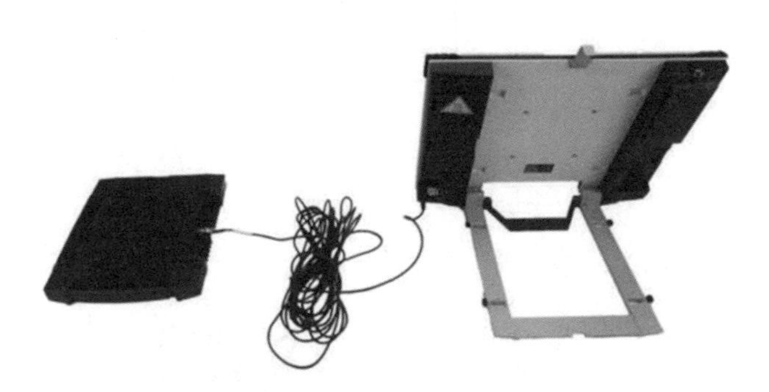

图 5-30　主机与天线的连接

（4）电话。用电话线接主机上的电话接口和主机连接，在卫星电话对星、注册结束后，就可以拨号通话了。

（5）电源线。电源线电压为10~12V。在开机后显示器左侧显示电池电量，使用时应定时检查电池电量，发现电量不足及时充电。

（6）USB线、网线。USB线和网线都是用来连接主机和计算机的，USB线用USB接口连接；网线通过以太网口连接。

2. 主机接口

（1）电源接口。连接电源线用以给卫星电话主机充电，为10~12V输入。

（2）USB接口。将USB电缆的小端接在终端上，终端开机后，计算机显示发现硬件，按提示安装随机光盘中的USB驱动，会三次提示安装新硬件的不通端口，安装成功后，使用Launch Pad可以搜索到终端。

（3）电话接口。连接电话手柄，在卫星电话对星、注册结束后，就可以拨号通话了。

（4）以太网（LAN）。用以太网电缆连接终端和计算机，计算机IP地址和DNS地址设置为自动获取，终端开机后，计算机自动获取到IP地址，表示计算机和终端连接正常。

三、卫星电话的操作步骤

卫星电话的主要操作步骤共有八步，如图5–31所示。

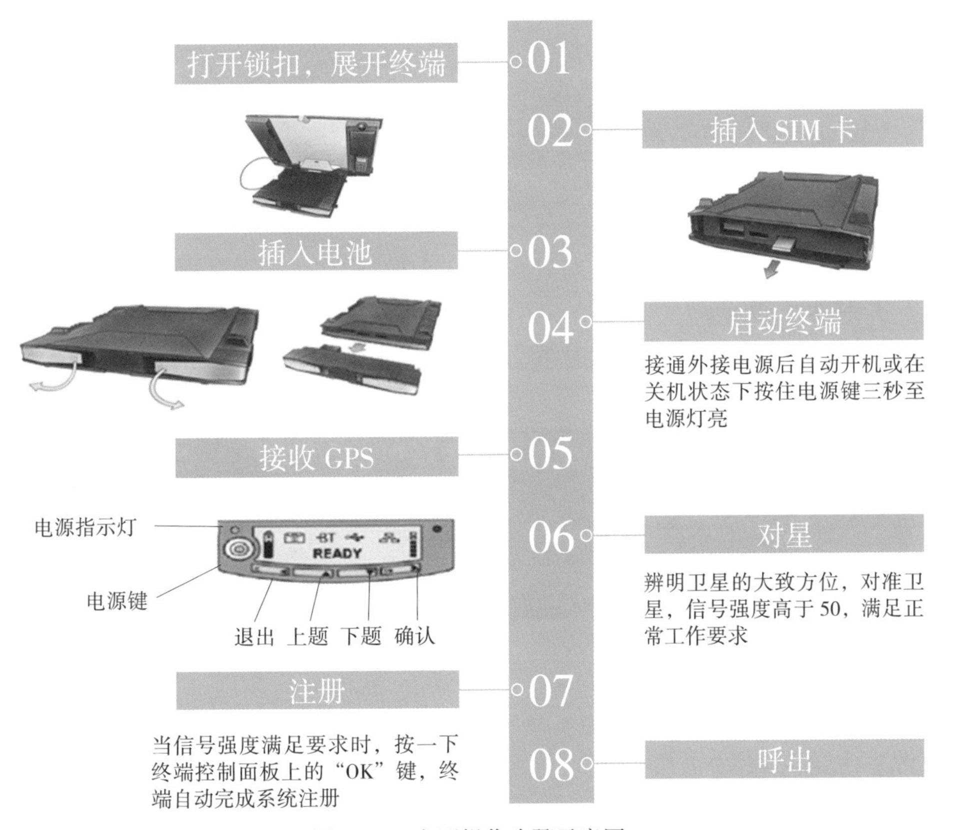

图5–31 主要操作步骤示意图

1. 打开锁扣展开终端

按提示打开锁扣，再展开折叠的终端，如图5-32所示。

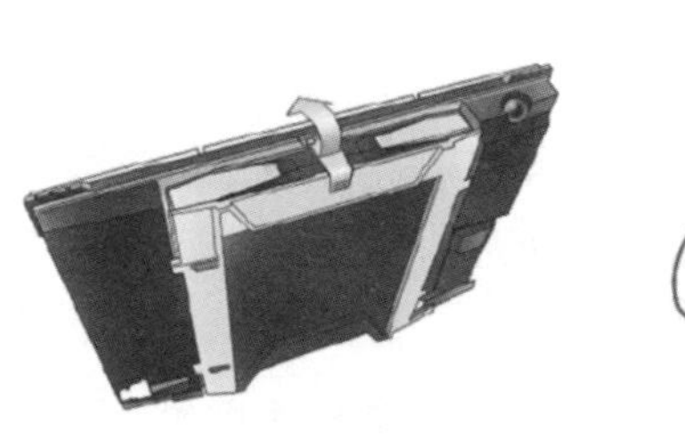
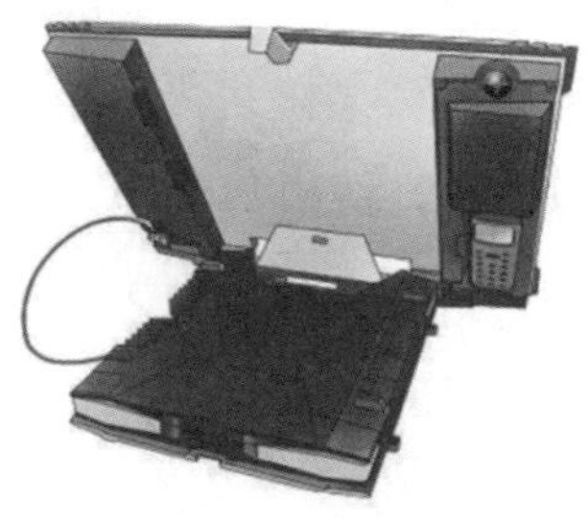

图 5-32　主机展开示意图

2. 插入 SIM 卡

取出电池，可以看到两个SIM卡插槽，使用SIM1，用笔尖按住插槽边的弹出钮，弹出插槽，按缺角方向放入SIM卡，再插入机身，如图5-33所示。

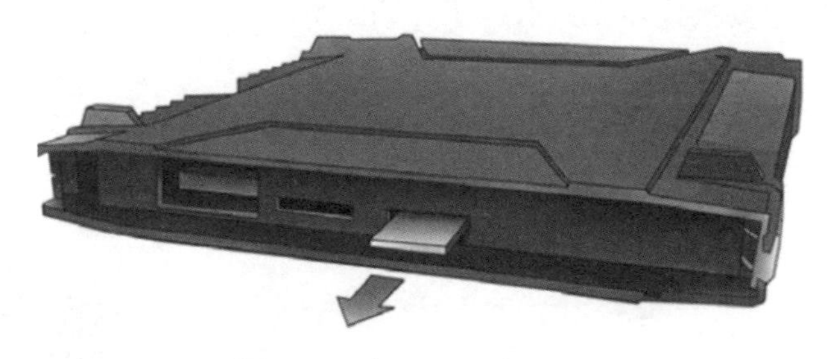

图 5-33　插入 SIM 卡示意图

3. 插入电池

插入或取出电池，必须同时搬动电池的两个把手，如图5-34所示。

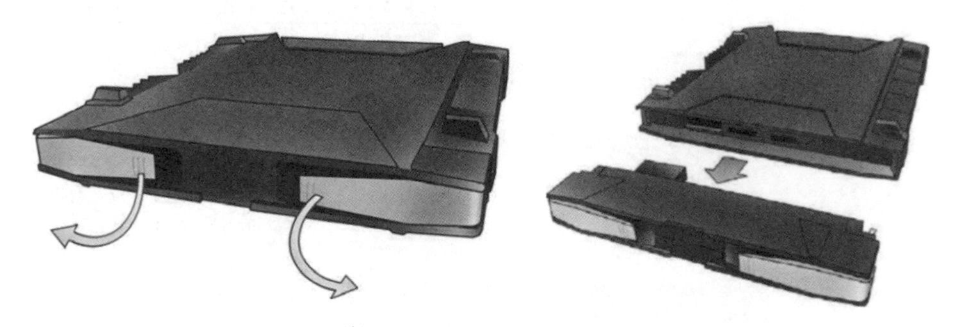

图 5-34　插入电池示意图

4. 启动终端

终端有两种启动模式，接通外接电源后自动开机或在关机状态下按住电源键三秒至电源灯亮。

5. 接收 GPS

终端开机后，自动接收当前位置的GPS，必须等到终端完成GPS位置的接收，终端才能正常工作，终端周围的环境越空旷，接收GPS越快，如果四周没有遮挡，大约一分钟可以完成，终端可以自动存储最近一次接受的GPS，如果遇上一次正常使用的位置偏离不超过10km，则不必接受新的GPS。

在液晶屏上可以查询接收GPS的状态：按退出键，显示“POINT NOW”，按5下下翻键，选中“PROPERTIES”，按确认键，再按一下下翻键，选中“GPS STATUS”，按确认键，显示GPS状态，“READING”表示正在接收，“GPS ACQUIRED”表示接收完成，按退出键2下，显示“POINT NOW”，按确认键，返回对星状态，界面如图5-35所示。

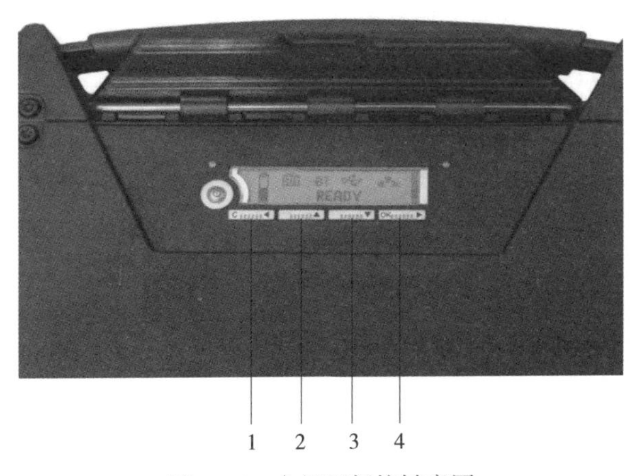

图 5-35　主机面板按键意图

1-退出键；2-上翻键；3-下翻键；4-确认键

6. 对星

完成接收GPS后，辨明卫星的大致方位，终端在对星状态会发出信号强度的提示音，按一下上翻键或下翻键，可以暂时关闭声音，再按一下回复声音。提示声音越强，表示信号强度越高，同时液晶屏上显示信号强度值，根据信号强度的指示，调整天线面板的水平方位和俯角方位（在中国，需要将天线面板朝向西南方向），对准卫星，信号强度高于50，可满足正常工作要求。

7. 注册

当信号强度满足要求时，按一下终端控制面板上的“OK”键，终端自动完成系统注册。液晶屏显示："searching"，表示寻找卫星；"registering"，表示正在注册；"ready"，表示终端准备好，可以正常工作。

8. 呼出

（1）拨打固定电话方法：国家代码+区号（最前面的"0"去掉）+号码+"#"。比如拨打010-82894645。当卫星电话成功注册网络时，输入：00861082894645，然后按"#"键即可。

（2）拨打手机电话方法：国家代码+手机号+"#"。比如拨打：18911137667。当卫星电话成功注册网络时，输入008618911137667，然后按"#"键即可。

（3）卫星电话拨打卫星电话。比如拨打01062498386。当卫星电话成功注册网络时，输入00861062498386，然后按"#"键即可。

（4）陆地固定电话或手机拨打卫星电话。比如拨打：01062498386。当卫星电话成功注册网络时，陆地手机或固定电话开通了国内长途功能，那么直接拨打01062498386即可。

（5）国内卡查询余额和有效期。卫星电话成功注册网络时，在屏幕上输入26然后按"#"键即可，接通后按照语音提示逐步操作；可以任何电话拨打010-62499989按语音提示操作。

四、卫星电话的常见故障及处理方法

卫星电话的常见故障及处理方法见表5-5。

表5-5　卫星电话的常见故障及处理方法

故障现象	故障原因	处理方法
无法开机	电池电压不足	关机充电
	电池损坏	更换电池
	终端损坏	送修
无法通话	信号强度未达到要求	调整天线方向
	终端损坏	送修
	天线损坏	送修
	SIM卡欠费	交费

续表

故障现象	故障原因	处理方法
信号不清晰	信号强度未达到要求	调整天线方向
	天线损坏	送修
	天线和终端接触不良	旋紧连接线两头

五、卫星电话的日常维护及保养

（1）使用完毕后，应拆下馈线后才允许合上终端，防止馈线在挤压中损伤。

（2）卫星电话长期不使用时，应放入包中防尘。

（3）卫星电话长期未使用时，应隔段时间对其进行一次充放电。

（4）充电应在5~40℃环境中，超温会影响电池寿命或充电不充分。

（5）用原配或认可的充电设备和电池。

第五节 卫星地面便携站

一、卫星便携站的用途

卫星便携站是一种可移动的小型无线通信终端，通过卫星通道、4G通道、3G通道、短波通信以及微波通信等多种通信方式，即使在雨雪天气、复杂地形环境的恶劣外部条件下，也可迅速建立起音视频通信通道。

卫星便携站设备特别适用于应急指挥车、应急通信车等大型机动应急通信设备无法进入应急现场的情况。遇到这种情况，机动应急人员携卫星便携站设备在现场合适的空旷场地，即可迅速建立音视频通道，传输现场的音视频信号，实现跨省等超远距离信号传输。

二、卫星地面便携站的结构

卫星地面便携站由一台便携站主机、一套单兵发射机，以及一套手自一体便携式卫星天线组成，结构示意图如图5-36所示。

图 5–36　卫星地面便携站的结构示意图

1. 便携站主机

主机由显示屏、卫星调制解调器、电源开关、显示仪表、音视频接口、电源插座、麦克风接收机、音视频切换器、调音台、路由器、单兵图传接收机、视频会议终端几个部分组成。主机是卫星便携站的主体部分。便携站主机的前面板如图5–37所示。

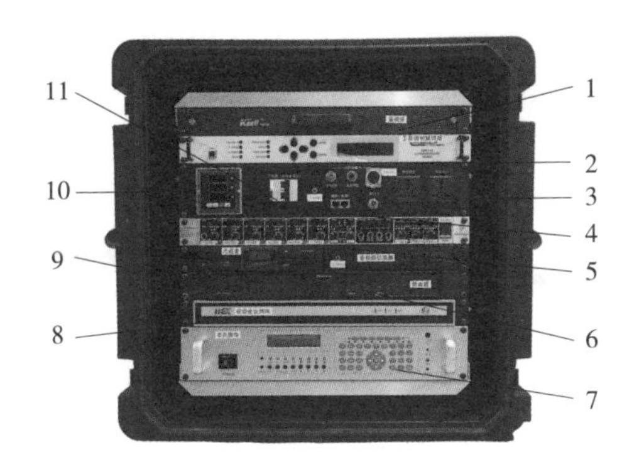

图 5-37 便携站主机的前面板

1- 显示器；2- 卫星调制解调器；3- 电源插座；4- 音视频接口；5- 调音台；6- 音视频切换器；7- 显示仪表；8- 路由器；9- 麦克风接收机；10- 显示仪表；11- 电源开关

2. 单兵发射机

单兵发射机如图 5-38 所示。

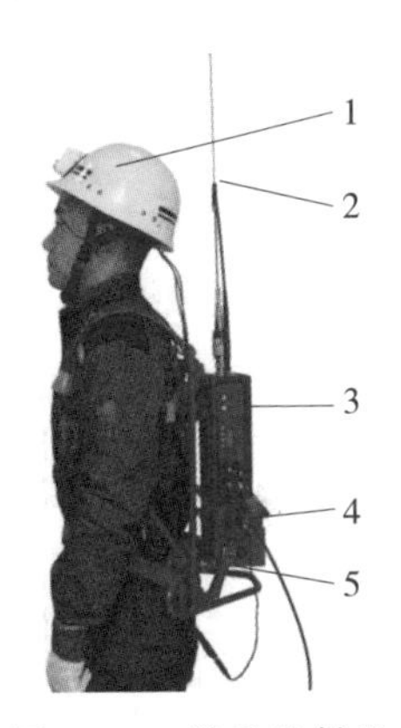

图 5-38 单兵发射机

1- 头盔摄像头；2- 单兵天线；3- 单兵发射机；4- 单兵电池；5- 背负式单兵支架

单兵设备由背负式单兵发射机、电池、背负式单兵支架、头盔摄像头、单兵耳机等设备组成。单兵发射机通过无线通道与主机上的单兵图传接收机实现互联，将现场的音视频信号传输到便携站主机。

3. 便携卫星天线

卫星天线单元由卫星天线面、卫星功放、卫星天线底座及卫星收发线缆等几个部分组成。其中，卫星天线底座上集成了 GPS 模块、收发接口、底座支架。卫星天线单元可在野外自动对星，与主机上的卫星调制解调器互联，建立卫星通道，使用卫星通道传输现场的音视频信号。如图 5-39 所示。

图 5-39　便携卫星天线

1- 卫星天线面；2- 卫星功效（上变频大器）、LNB（低噪音放大器）；3- 收发线缆；4-GPS 模块；5- 天线底座

4. 通信电源部分

卫星便携站的UPS电源采用市电或便携发电机（图中蓝色部分）供电，额定电压220V，频率为50Hz。根据现场环境选择使用发电或市电供电。

通信电源系统由便携发电机、便携式UPS、交流配电等设备组成。选用市电时操作方法为：将线缆拉出，接到外接市电口上，观察配电面板上面的市电指示灯是否亮起，配电盘电量表参数显示是否正常。

（1）UPS操作说明。

1）开机前检查。UPS开机前，须检查以下内容：①检查并确认UPS主机的配电方式、各功率电缆及信号电缆连接正确无短路；②检查电池安装、接线连接及电池电压，正、负极性正确；③测量并确认市电输入电压、频率等正常。

2）UPS开机。①市电模式开机。长延时机型UPS需闭合外置电池组输出直流空开（标准机型UPS无此操作），将UPS输入插头插入插座接通市电，LCD屏点亮，在听到蜂鸣器两声“嘀”确认音后，按开机/消音键(ON/MUTE)1s，听到蜂鸣器一声“嘀”确认音后释放该键，UPS电源便会开启，逆变输出；若市电异常，UPS将工作在电池模式。（无外置电池输入，长延时机型UPS无法开机；如果市电异常，UPS将工作在电池模式下）。②电池模式开机。无市电输入时，长延时机型UPS闭合外置电池组输出空开（标准机型UPS无此操作），按开机/消音键（ON/MUTE），LCD屏点亮后释放该键，此时UPS无输出；再次按开机/消音键（ON/MUTE）1s，听到蜂鸣器一声“嘀”确认音后释放该键，UPS开机，逆变输出。

3）运行模式。UPS运行模式说明见表5-6。

表5-6 UPS运行模式说明

运作模式	说明	LCD面板显示内容
在线模式	当市电输入电压、频率（120Vac~288Vac，50/60±5Hz）在容许范围内时，市电经过PFC整流和逆变转换后，给负载提供稳定、纯净的正弦电源，同时充电器对电池进行充电	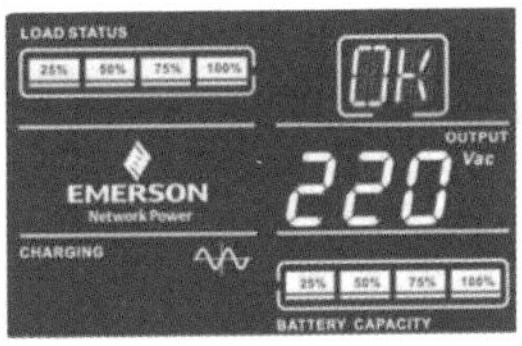
ECO模式	节能模式：当旁路电压在220Vac/230Vac/240Vac±10%、频率50/60Hz±2Hz范围内时，负载由旁路供电。旁路电压异常时，由逆变供电。用户可通过LCD屏将UPS设置为ECO模式	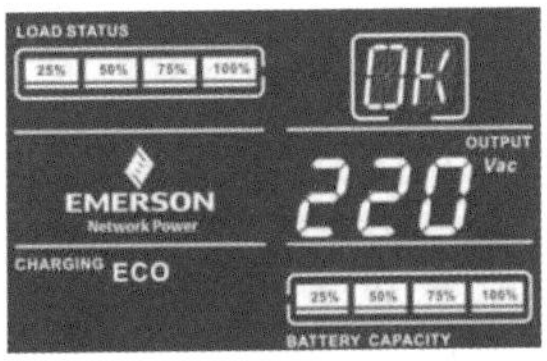
电池模式	当输入电压不在容许范围内或发生停电，UPS将以电池电力来进行供电，同时告警音每3s响1次 注：右图为1kVA UPS的LCD显示，2kVA及3kVA UPS的LCD显示以实际界面为准	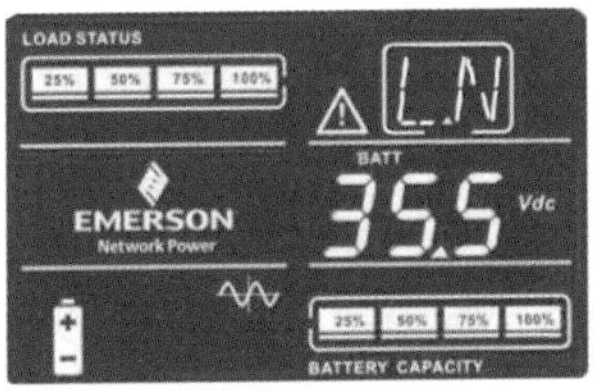
旁路模式	当UPS工作于在线模式时，若出现短时间内多次过载（60min内3次过载）、模块过温、逆变器或整流器等故障，UPS将切换至旁路模式，即负载所需电源由市电经旁路直接提供。若整流器正常，内置充电器对电池充电，并伴有10s 1次的告警音，提醒用户UPS工作在旁路模式下	
待机模式	UPS电源关闭且无输出，但会对电池进行充电	

4）UPS关机分为：在线模式关机、电池模式关机和旁路模式关机。①在线模式关机。按关机键（OFF）1s，听到蜂鸣器“嘀”确认音后，释放该键，UPS

逆变器停止工作，转入旁路供电模式；此时再按关机键（OFF）10s，听到蜂鸣器“嘀”确认音后，释放该键，UPS关闭输出，进入待机模式。在线模式下按关机键（OFF）10s，听到蜂鸣器“嘀”确认音后释放该键，UPS直接关闭输出进入待机模式。②电池模式关机。按关机键（OFF）1s，听到蜂鸣器“嘀”确认音后释放该键，UPS关机，无输出，负载断电。③旁路模式关机。按关机键（OFF）10s，听到蜂鸣器“嘀”确认音后释放该键，UPS关闭输出，进入待机模式，负载断电。

（2）便携发电机。便携发电机组额定电压：交流220V（进行任务或演练前加足便携发电机油箱油量）。启动发电机后，观察配电面板上面的市电指示灯是否亮起，配电盘电量表参数显示是否正常。

便携发电机启动与停止操作：发电机的启动和停止可以拉动发电机的拉手启动发电机，调节风门，发电机正常启动并输出；按下OFF，发电机应正常关机。

5. 卫星通信系统

本系统包含便携天线、卫星调制解调器、BUC（上变频功率放大器）、频谱仪等设备，可以实现自动对星等。

（1）卫星天线组装。

1）选择一个开阔的平地，注意天线指向方向无高楼、大树等遮挡物，确保天线周围无高压电、电磁场干扰。

2）从天线箱中取出天线，放置在比较平整的位置，根据指北针指示，将天线面大概朝南摆放。

3）连接好通信电缆后，连接电源电缆。将供电电缆接入天线箱体“AC220V”接口，直到拧紧。

4）接通电源，按“回收”键开始展开，也可以点击监控软件的“天线归正”按钮，展开天线。

5）当天线主反射面展开约120°时停止，等待安装天线边瓣和馈源，安装时按照先中间后两边的顺序安装边瓣。

6）对星操作。安装完毕后，按“对星”键，天线按上一次工作参数进入自动对星状态；或者登录监控软件，点击“对星”图标，天线按上一次工作参数进入自动对星状态。

（2）卫星调制解调器的操作。卫星调制解调器操作步骤如图5-40所示。

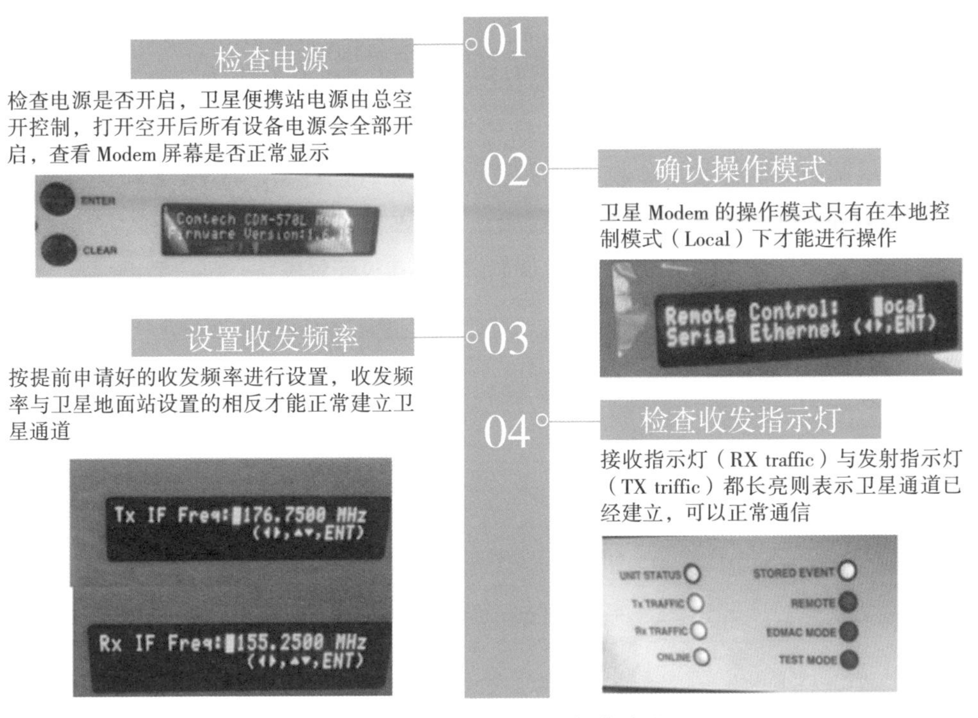

图 5-40 卫星调制解调器操作步骤

1）远端控制设置。开启“卫星设备”断路器后，卫星调制解调器正常开启，默认状况下“REMOTE”橙色灯亮，此状态下不可对modem进行任何操作（此状态为远端控制模式），需点击“enter”键进入菜单，点击“config”（菜单操作）选项进入配置菜单，选择“Remote”选项进入下一项菜单，把光标控制到“Local”选项上，点击“Enter”确定选择，此时“Remote”灯熄灭，表示Modem已进入本地控制模式，可以对Modem进行配置设置。

2）发射参数设置。在Config菜单下选择“Tx”选项进入发射参数配置菜单：“Date”为发射速率设置菜单，“Frq”为发射频率设置菜单，分别进入可对相应数据进行设置（注意：Tx选项菜单里有“on/off”选项，为卫星发射/关闭发射选项，待所有配置均设置完成，进入选项，选择“on”，Tx绿灯亮表明指定卫星信号已发射）。

3）接收参数设置。接收参数设置于发射参数设置大致相同，Rx选项里无“on/off”选项，参数设置完成后默认自动接收。

注意事项：Tx选项里“Pwr”为发射功率选项，发射功率设置不得高于-16dBm。一般情况下该系统功率饱和点功率在-16~-18 dBm左右，基带激励信号功率大于饱和点功率时，对于信号而言已无意义，但对于卫星转发器上其他用户而言可是一致命的危害，同时功放长时间处于饱和区工作会使功放提前老化，影响功放效能。

卫星调制解调器常用参数建议配置见表5–7。配置操作方法：方向键移动光标，上下方向键改动数值；ENTER键确认，CLEAR键返回。

表5–7　卫星调制解调器建议配置表

<table>
<tr><td rowspan="19">Config 配置</td><td rowspan="5">Rem 远程控制</td><td>Local</td><td colspan="4">选择此项后才能在本地操作修改配置</td></tr>
<tr><td rowspan="2">Serial</td><td>Interface</td><td colspan="3">正确配置</td></tr>
<tr><td>Baudrate</td><td colspan="3"></td></tr>
<tr><td rowspan="2">Ethernet</td><td>Gateway</td><td colspan="3">网关 IP 地址</td></tr>
<tr><td>Address</td><td colspan="3">卫星调制解调器 IP 地址</td></tr>
<tr><td>All</td><td colspan="5">一直按 Enter 可以浏览所有配置，无法修改</td></tr>
<tr><td rowspan="3">Tx 发射配置</td><td rowspan="3">FEC</td><td>Viterbi</td><td colspan="3"></td></tr>
<tr><td>TPC</td><td colspan="3">正确配置</td></tr>
<tr><td>Uncoded</td><td colspan="3"></td></tr>
<tr><td rowspan="10">Tx 发射配置</td><td rowspan="3">Mod</td><td>BPSK</td><td rowspan="3">正确配置</td><td>8-QAM</td><td></td></tr>
<tr><td>QPSK</td><td>8-PSK</td><td></td></tr>
<tr><td>oQPSK</td><td>16-QAM</td><td></td></tr>
<tr><td rowspan="2">Code</td><td>21/44</td><td rowspan="2">正确配置</td><td>7/8</td><td></td></tr>
<tr><td>3/4</td><td>0.95</td><td></td></tr>
<tr><td rowspan="2">Data</td><td>1500.00kbps</td><td colspan="3">正确配置</td></tr>
<tr><td>1000.000ksym</td><td colspan="3">符号率随速率变动，无法手动修改</td></tr>
<tr><td>Frm</td><td>MHz</td><td colspan="3">设定发射频率，根据当天租用频率设定</td></tr>
<tr><td rowspan="2">on/off</td><td>off</td><td colspan="3">卫星发射关闭</td></tr>
<tr><td>on</td><td colspan="3">卫星发射开启</td></tr>
</table>

续表

<table>
<tr><td rowspan="19">Config 配置</td><td rowspan="3">Tx
发射
配置</td><td rowspan="2">Pwr</td><td>Manual</td><td colspan="4">发射功率，信号较弱时可以适当增大，不要超过 -16dBm</td></tr>
<tr><td>AUPC</td><td colspan="4">上行功率自动控制，不开启</td></tr>
<tr><td>Scram</td><td>Default-On</td><td>正确配置</td><td>off</td><td colspan="2"></td></tr>
<tr><td rowspan="3">Ref
参考
频率</td><td>Internal 10MHz</td><td></td><td>正确配置</td><td colspan="3">External 05MHz</td></tr>
<tr><td>External 01MHz</td><td></td><td></td><td colspan="3">External 10MHz</td></tr>
<tr><td>External 02MHz</td><td></td><td></td><td colspan="3">External 20MHz</td></tr>
<tr><td>MASK</td><td colspan="6">不要改动此项参数</td></tr>
<tr><td rowspan="12">ODU</td><td rowspan="6">BUC</td><td>M & C-FSK</td><td colspan="4"></td></tr>
<tr><td>DC-Power</td><td>on</td><td></td><td>off</td><td>正确配置</td></tr>
<tr><td>10MHz</td><td>on</td><td>正确配置</td><td>off</td><td></td></tr>
<tr><td>Alarm</td><td rowspan="3" colspan="4">不要改动此项参数</td></tr>
<tr><td>LO</td></tr>
<tr><td>MIX</td></tr>
<tr><td rowspan="6">LNB</td><td rowspan="2">DC-Voltage</td><td>Power Off</td><td></td><td>18 volts</td><td>正确配置</td></tr>
<tr><td>13 volts</td><td></td><td>24 volts</td><td></td></tr>
<tr><td>10Mhz</td><td>on</td><td></td><td>off</td><td>正确配置</td></tr>
<tr><td>Alarm</td><td rowspan="3" colspan="4">不要改动此项参数</td></tr>
<tr><td>LO</td></tr>
<tr><td>MIX</td></tr>
<tr><td colspan="2">Monitor</td><td colspan="6">配置监控，查看配置，无法修改</td></tr>
<tr><td colspan="2">Test</td><td colspan="6">测试模式，不要改动此项参数</td></tr>
<tr><td colspan="2">Info</td><td colspan="6">数据监控，查看数据，无法修改</td></tr>
<tr><td colspan="2">Save/Load</td><td colspan="6">不要改动此项参数</td></tr>
</table>

4）通信链路建立。天线对准后，操作卫星调制解调器，将频率设置成已租用卫星频点，观测频谱仪，观察所选卫星的信标收星情况。打开载波，打开卫星功放按键，与卫星地面站（或指挥车、应急通信车）进行联通，观测卫星调制解调器（CDM570L）的面板指示灯状态，如果收发灯都长亮，表示已与地面站联通，可以进行数据、话音、图像视频会议的业务传输。

6. 单兵图传系统

单兵图传系统包括单兵图传系统接收机、单兵图传发射机。

（1）面板接口定义说明。

1）前面板结构如图5–41所示，具体说明见表5–8；

2）后面板结构如图5–42所示，具体说明见表5–9。

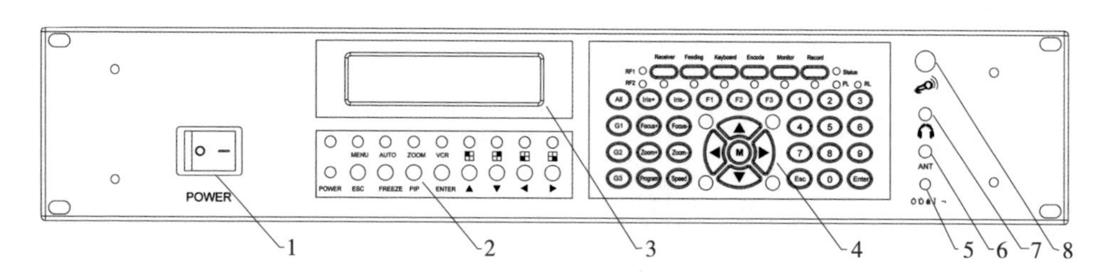

图5–41 前面板结构

表5–8 前面板说明

序号	参数	说明
1	POWER	AC220V电源开关，当系统设备接入AC220电源后，打开此开关，音视频接收系统、语音调度系统及四画面系统开始工作
2	四画面控制面板	操作说明见第2节
3	液晶显示模块	配合4处的按键板使用，显示当前设置的参数
4	按键	用来配置接收模块及语音调度模块的参数
5	语音状态	语音发射指示灯，当系统检测到有语音信号输入，语音模块开始工作，此灯开始连续闪烁；系统没有检测到语音信号时，此灯约一秒钟闪烁一次
6	ANT	馈电指示灯，当接收机馈电工作正常时，此灯为绿色，当外部接口短路或内部馈电短路时，此灯颜色变为红色，此时，先拆除图像接受天线，看指示灯是否正常，否则要断开电源检查故障原因

续表

序号	参数	说明
7	MIC 输入接口	标准音频输入，外接 MIC，为无源音频输入接口
8	会议话筒	会议话筒接口，外接会议话筒，为有源音频输入接口

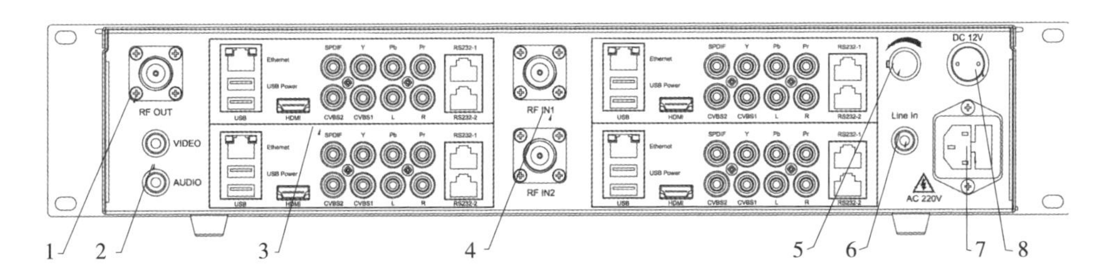

图 5-42　后面板结构

表 5-9　后面板说明

序号	参数	说明
1	RFOUT	语音发射天线接口，外接语音发射天线，标配有一个转接头，用户可以使用不同接口方式的天线，天线的选用根据语音发射模块的频率而定
2	VIDEO/ AUDIO	四画面视音频输出接口
3	接收机功能接口	接收机内置四路接收模块，每一路的接口定义都相同，现在以其中一块来说明。USB 及网络接口；Ethernet：此接口不对用户开放；USB Power：如果使用大容量 USB 存储设备时，此接口可以作为 USB 供电接口；USB：USB 存储设备的数据接口。HDMI 接口：高清数据信号输出接口，外接高清监视器。音视频输出接口：SPDIF 此接口目前不对用户开放；Y/Pb/Pr：此三个接口为视频分量接口；CVBS1/CVBS2：两个复合视频输出接口；L/R：立体声音频输出接口，L 为左声道，R 为右声道。数据接口：RS232-1 此接口目前不对用户开放；RS232-2 输出用户数据和 GPS 数据
4	RF IN1/ RFIN2	图像接收天线输入接口，外接图像输入天线

续表

序号	参数	说明
5	音频输入幅度调节旋钮	
6	音频输入	向前端喊话，功能同前面板语音输入接口
7	AC 220V	带保险三芯电源插座，外接 AC220V 电源
8	DC 12V	备用电源输入接口，接口定义为（1+； 2-）

（2）控制面板的使用。控制面板由三部分组成，功能键、方向键和数字键，具体结构如图5-43所示。

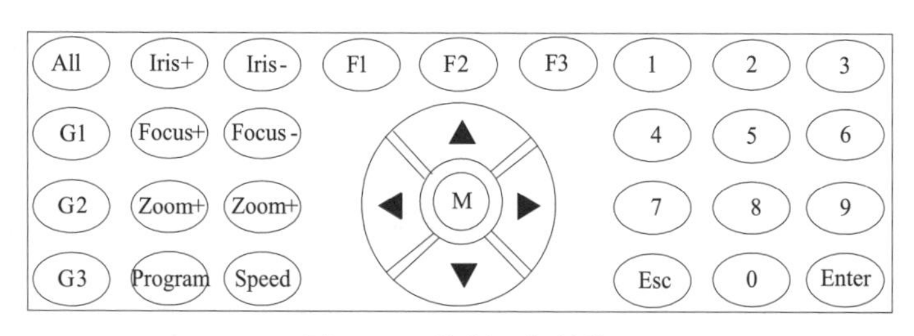

图 5-43　控制面板结构

通过本面板可以用来配置接收模块和语音调度模块的参数以及控制前端PTZ设备，操作简单便捷。

1）参数设置说明。所有设备同时上电，进入主菜单界面，其中“1/5”代表对球机的控制，“2/5”-“5/5”分别代表对4路接收模块的控制，界面如图5-44所示。

2/5:　R750
3/5　R750
提示：“上/下”选择，“OK”进入！

图 5-44　参数设置界面说明

2）语言选择。在主界面下，同时按住“◀”“▶”键可进入语言选择菜单，本系统有中英文两种语言可供选择，按“▲”“▼”进行切换，界面如图5-45所示。

语言选择
简体中文　ENGLISH
提示：“OK”保存，“Esc”退出！

图 5-45　语言选择界面说明

前面板键盘选择2-5/5，按OK键进入配置模式，然后按G3键，主菜单界面如图5-46所示。

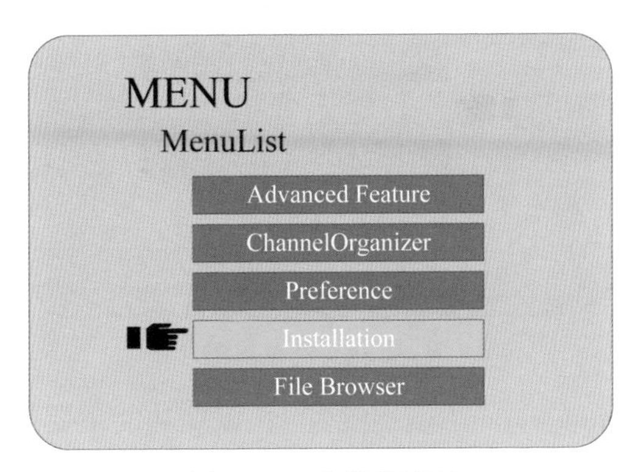

图 5-46 主菜单界面

在主菜单界面下，一共有5个选项，分别为“Advanced Feature”高级特性，“Channel Organizer”频道管理，“Preference”参数设置，“Installation”安装及频率设置“File Browser”文件浏览，操作方向键的上下键，选择各个菜单，当前被选择的菜单前面有一个手形标记。按OK键进入子菜单进行详细参数设置。

3）Advanced Feature（高级特性）。菜单界面如图5-47所示。

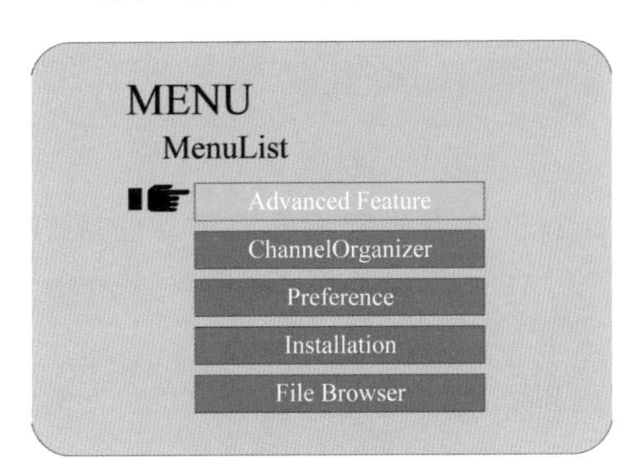

图 5-47 菜单界面

操作键盘的上下键，选择“Advanced Feature”选项，按“OK”键进入子菜单，界面如图5-48所示。在此菜单中，有网络设置、解密设置和网络浏览三个选项，在目前的接收机版本中，只有解密设置对用户开放。

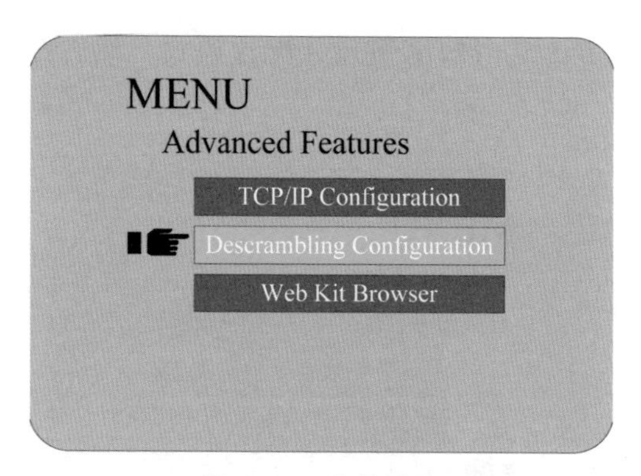

图 5-48 菜单界面

Descrambling Configuration（密钥配置）：该项功能主要是用来输入密钥。当发射机端将数据进行加密传输时，接收机端则需要用户输入密钥来进行解密接收和处理。在此界面中，按OK键进入解密参数设置界面，如图5-49所示。

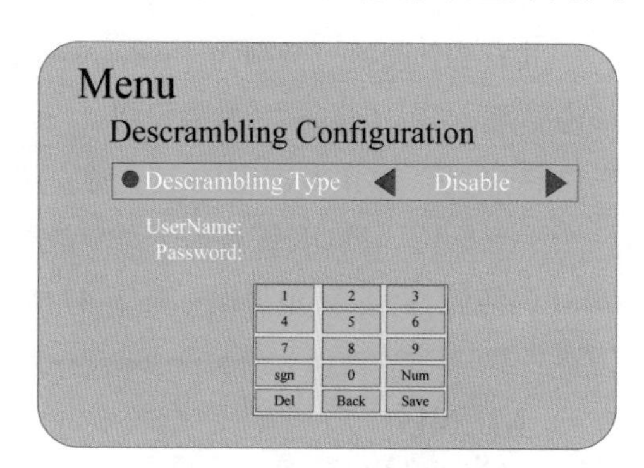

图 5-49 解密参数设置界面

Descrambling Type：该项表明密钥的类型，包括“Disable（无加密）”、“ABS64”、“ABS128”、“AES64”以及“AES128”。操作上下键选择改选项，通过左右键可以在各个解密选项中切换。

User Name：“用户名称”输入选项，用于“ABS64”类型的密钥输入；操作上下键选择改选项，然后操作OK键进行用户名输入。

Password：密钥输入栏，操作上下键选择改选项，然后操作OK键进行用户名输入。输入方式：通过“上/下”键选中“User Name”或者“Password”，操作“确认（OK）”，激活界面中的虚拟键盘。然后，通过“上/下/左/右”按键选中软键盘“Num”进行“数字键/小写字母/大写字母”切换，设置完成后，一定要选择SAVE键，保存设置。

4）Channel Organizer（频道管理）。在主菜单界面下选择“Channel Organizer”

选项，按“OK”键，出现界面如图5-50所示，该项功能主要是对用户设置保存的频道列表进行管理，删除某些不需要的频道信息。再次操作“OK”按键，进入频道列表管理界面，如图5-51所示。

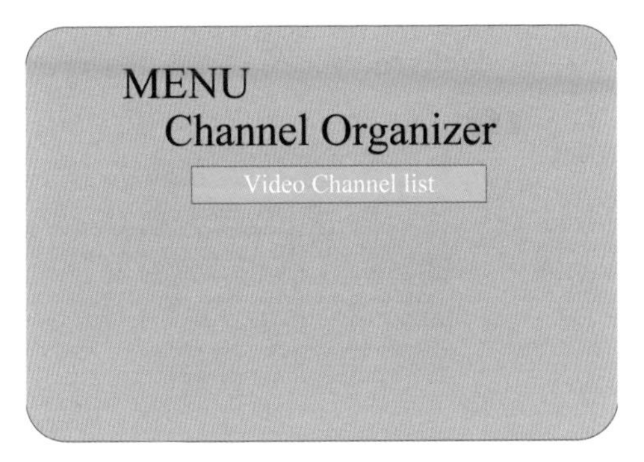

图5-50 菜单界面

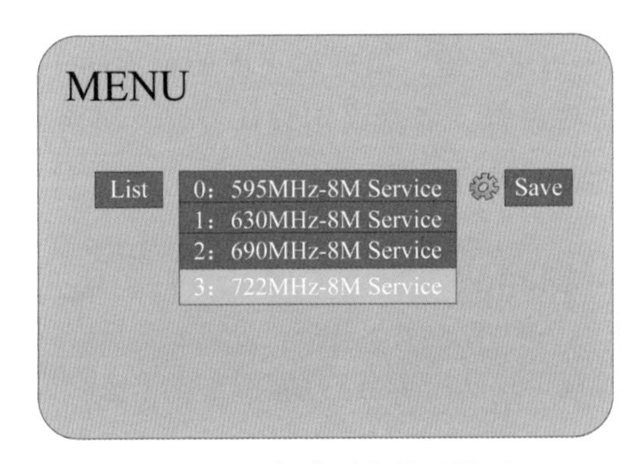

图5-51 频道列表管理界面

List：该项列表显示出接收机保存的所有频道信息（最多保存16条），多余的频道信息将覆盖第一条频道列表，所以建议用户在保存频道之前手动删除无用的频道信息；

Save：通过“左/右”按键选中“Save”按钮，并“确认（OK）”表明新设置的频道信息已经保存并应用，否则，新设置的频道信息是无效的。通过“左/右”按键选中频道信息行，并“确认（OK）”来删除一条频道信息，最后通过“Save”按钮来保存上述操作，如果不想保存则操作返回“BACK”和退出键“ESC”。

5）Preference（参数设置）。在主菜单界面下选择“Preference”选项，按“OK”键，出现界面如图5-52所示，弹出其子菜单，共有“Audio/Video setup（音/视频设置）”、“Menu setting（菜单设置）”、“Date&Time setting（RTC设置）”、“HDMI setting（HDMI设置）”及“Record setting（录像存储介质设置）”等设置菜单，其

中最后一项的双向语音暂未开放使用，在此界面中操作方向键的上下键在各个子菜单中进行切换，按OK键进入设置。

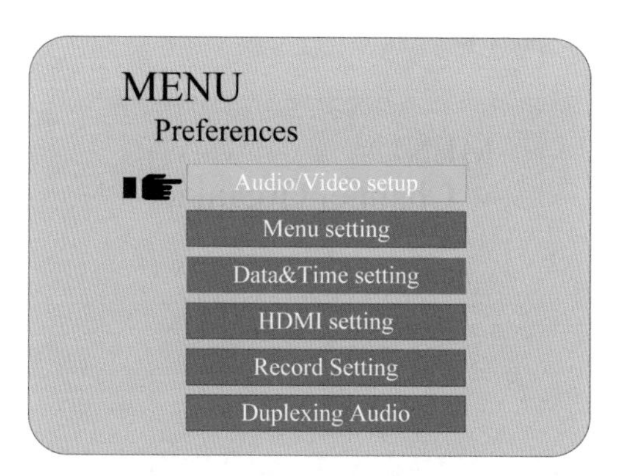

图5-52　设置界面

Audio/Video setup（音视频设置）。在参数设置菜单界面下选择“Audio/Video setup”选项，按“OK”键，出现如下图所示界面，该项功能主要是对音频/视频的输出效果进行设置，通常采用默认设置。再次操作“OK”按键，进入音视频设置界面，如图5-53所示。

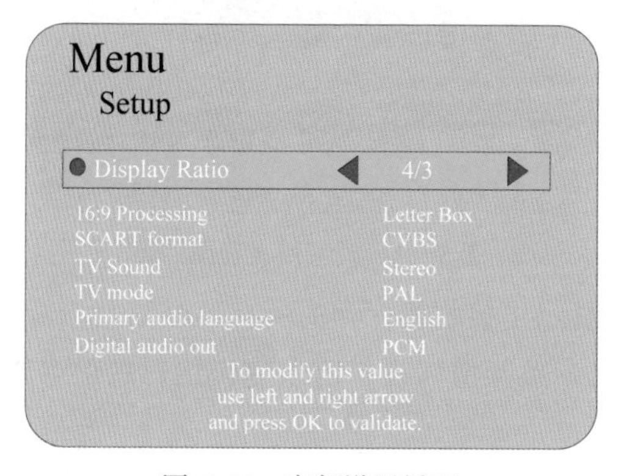

图5-53　音频设置界面

Display Ratio：该项表示接收机的视频输出比例，有“4/3”、“16/9”选项；TV Sound：该项表示音频输出模式，有“Stereo（立体声）”、“Mono（单声道）”选项；TV mode：该项表示视频输出模式，有“PAL”、“NTSC”、“SECAM（欧洲使用制式）”选项；Digital audio out：该项表示数字音频输出类型，有“PCM”、“Dolby”选项。操作“确认（OK）”按钮，保存并应用所有配置。

Menu setting（菜单设置）。在参数设置菜单界面下选择“Menu setting”选项，按“OK”键，出现如上图所示界面，该项功能主要是对GUI菜单进行设置，通常采用默认设置。再次操作“OK”按键，进入系统菜单设置界面，如图5-54所示。

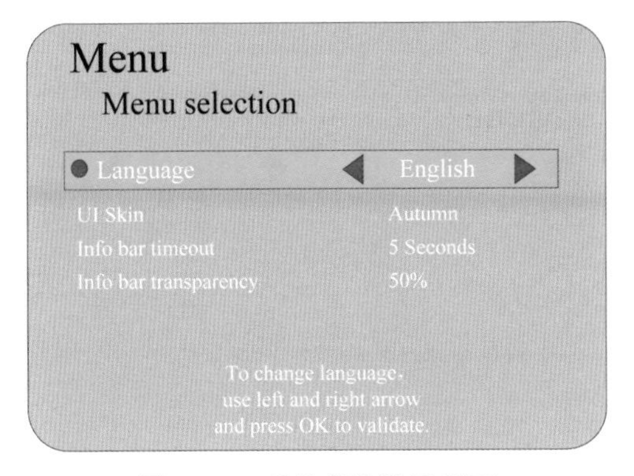

图5-54 系统菜单设置界面

User Skin：该处可以调节用户界面的皮肤设置；Info bar timeout：该项表示GUI里面提示框（信息框）显示的时间，超过该设置的时间提示框（信息框）则自动消失；Info bar transparency：该项表示GUI里面提示框（信息框）背景颜色透明度。操作“确认（OK）”按钮，则保存并应用所有配置。

Date & Time setting（RTC设置）。在参数设置菜单界面下选择“Date & Time setting”选项，按“OK”键，出现如上图所示界面，该项功能主要是设置系统时间，在“Info bar”、录像等情况下使用。再次操作“OK”按键，进入系统时间设置界面，如图5-55所示。

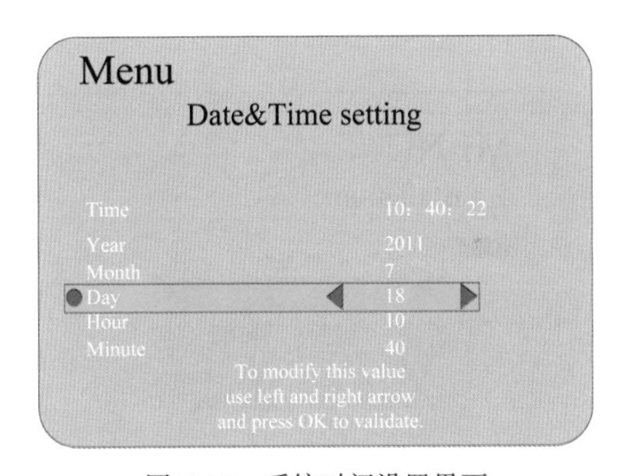

图5-55 系统时间设置界面

注意：在RTC工作正常（电池电量足够）的情况下，用户只需要设置一次即可。若是RTC工作非正常（电池电量不够）的情况下，用户需要在每次设备启动的时候重新设置RTC时间。操作“确认（OK）”按钮，则保存并应用所有配置。

HDMI setting（HDMI设置）。在参数设置菜单界面下选择“HDMI setting”

选项，按“OK”键，该项功能主要是设置HDMI的参数，通常采用默认设置。再次操作“OK”按键，进入HDMI设置界面，如图5-56所示。

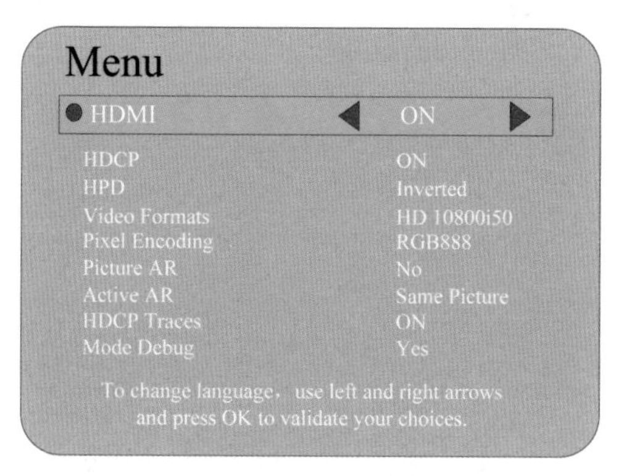

图 5-56　设置界面

Video Formats：该项表示HDMI视频输出格式，有“HD 1080i60”“HD 720p60”“ED 480p60”“ED 480i60”等多种选项供选择。操作“确认（OK）”按钮，则保存并应用所有配置。

6）Installation（安装）。在主菜单界面下选择“Installation”选项，按“OK”键，弹出其子菜单，共有“Firmware Update（固件升级）”、“Manual channels scan（手动搜索频道）”、“Factory reset（重置缺省设置）”及“System information（系统信息）”四项参数设置。出现界面如图5-57所示时，固件升级选项暂时不对用户开放，请谨慎操作。

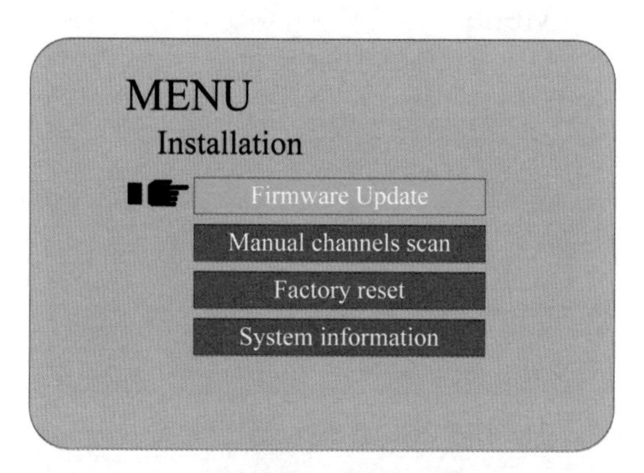

图 5-57　显示界面

7）Manual channels scan（手动搜索频道）。在Installation菜单界面下选择“Manual channels scan（手动搜索频道）”选项，按“OK”键，出现如图5-58所示界面，该项功能主要是通过用户手动输入频率、选择带宽，并可以选择是否保存频道信息。

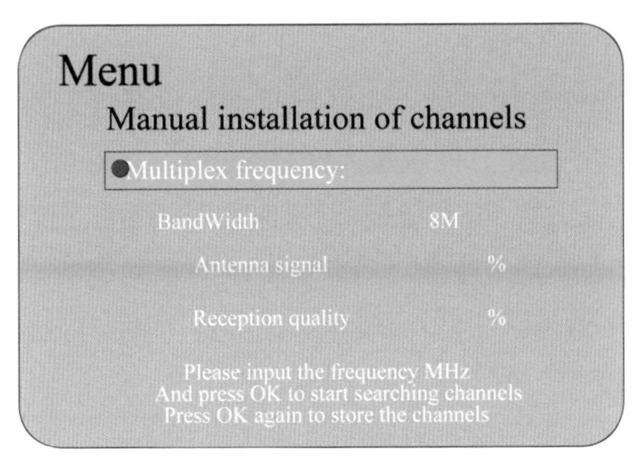

图 5-58　显示界面

Multiplex frequency：该项表示频率输入，以MHz为单位；BandWidth：该项表示带宽选择，包含1.5M、2M、4M、6M、7M、8M可调；Antenna signal：该项表示解调信号强度，以百分比表示；Reception quality：该项表示解调信号质量，以百分比表示。

当锁定（Lock）信号的时候，“帮助信息框”里面显示以当前的频率和带宽命名的频道名称，例如“595MHz-8M Service”表示频率是595MHz，带宽是8M接收到的节目名称；若没有锁定（Unlock）信号时，“帮助信息框”里面显示“No Signal”字样，说明当前的频率带宽下，没有锁定信号。（注意：一般情况下，手动搜索频道时，先将频率输出设为单兵接收机频率，带宽默认选择8M，然后点击OK，即可手动搜索单兵频道进行连接。）

8）Factory reset（重置缺省设置）。该项功能主要是恢复默认（缺省）设置，将用户的保存信息进行清除。提示框中选中“OK”，表示确认“恢复默认设置”操作，选中“Cancel”，表示取消操作。操作界面如图5-59所示。

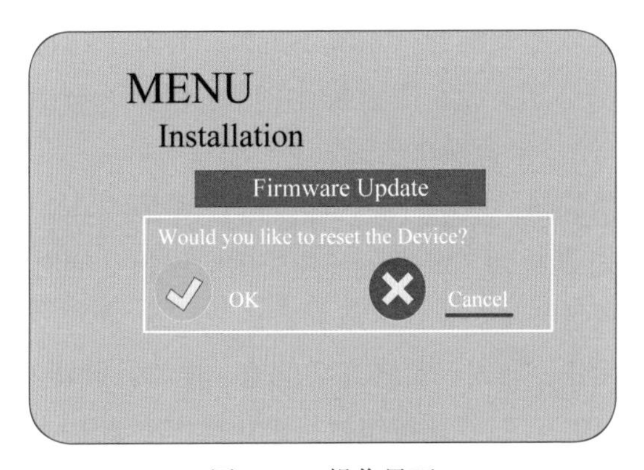

图 5-59　操作界面

7. 软交换系统（IP 电话）

卫星便携站配备一台IP电话，电话配置均已设置好，使用时将电话电源插头插入市电插座或UPS插座，网线接入网络接口1，接好后等待电话显示屏显示本机号码后表明网络已通，可直接拨号。（座机号码直接拨打，本地手机号码前加0，外地手机号码加00）（注意：当通信处于卫星通道时，内线拨号直接拨短号就行；当通信处于3G通道时，内线拨号同外线方式，即拨长号前加0。）

8. 视频会议系统

视频会议终端系统需用遥控器操作，具体操作步骤：待对准卫星或移动4G/联通3G后，等待网络开通，并且配置好视频会议终端的各项参数，先通过遥控器呼叫对方会议终端IP地址并设置好传输速率，待连通后操作音视频模块传输音视频信号。

9. 音视频系统

卫星便携站音视频系统由调音台、机架显示器、投影仪、摄像机、音箱、有线麦克、无线麦克组成。这里重点介绍调音台设备。

调音台位于操作面板右下方，每个音频设备操作旋钮均有标示，具体操作如下：调音台具备3个输出通道“R/L/AUX”，R通道输出至车内功放，L通道输出至车外功放，AUX通道输出至硬盘录像机录音。每个通道下有一个【LEVEL】旋钮，用于调节本通道的输出音量。输入输出通道上均有LED指示灯知识目前通道的电平，指示灯为绿色，如果有红色指示灯亮起说明本通道电平超高，调音台产生了削波，需要用【LEVEL】旋钮调节。削波不会损坏调音台，但是会造成声音音质下降。

10. 超短波通信系统

便携站可自选配置超短波通信系统手持机，打开手持机设备，设定好通信信道，通过旋钮调节通话音量，之后按住PTT按钮即可与相互通话（任务前记得将对讲机电源充电），包含操作步骤如下。

（1）开/关/音量旋钮：顺时针旋转此按钮直到听到“卡嗒”一声打开对讲机；逆时针旋转此按钮直到听到“卡嗒”一声关闭对讲机。同时，顺时针旋转提高音量；逆时针旋转减低音量。

（2）信道选择旋钮：顺时针旋转递增信道，逆时针旋转递减信道。

（3）通话键（PPT）：按住此按钮执行语音操作（如组呼和个呼）。

三、卫星便携站的操作步骤

卫星便携站操作流程如图5-60所示。

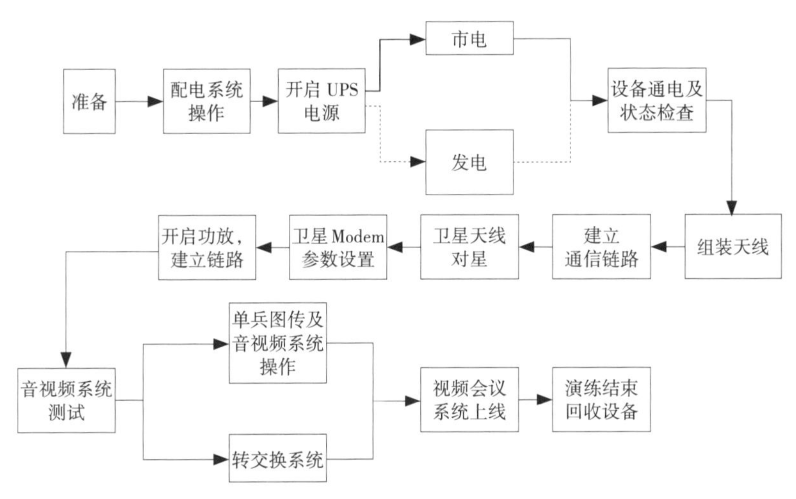

图 5-60 卫星便携站操作流程示意图

四、操作注意事项

（1）设备在雨水天气下运行之后，需在入库之前进行以下维护操作。检查卫星天线有无进水，如有进水应当立即清理；设备入库前进行烤机工作后方可入库，并在第二天检查设备是否运行正常（设备检查参照设备性能检测）。

（2）卫星便携站存放应保证通风、防尘、防潮等，避免设备损坏。

（3）卫星设备的收发线缆进水后会影响收发功率损耗，尽量保证接口处不要进水。所有的线缆均配有端口帽，在不使用的时候请盖好端口帽。

（4）设备线缆装箱时请整理好并按顺序叠放，勿挤压扭曲。天线可以放在卫星天线座箱内，尽量避免弯曲存放。IP电话、遥控器、麦克风等设备可以再自备一个箱子单独存放。

（5）遥控器、麦克风等设备长期不使用时请取出电池。

（6）单兵设备、手持DV、UPS等充电设备，长期不使用需要定期充放电。

（7）发电机需要定期保养。

（8）搬运设备时，请将所有装箱设备固定好，避免移动过程中的震动碰撞造成设备损坏。

五、常见故障及处理办法

常见故障及处理办法见表5-10。

表5-10 常见故障及处理办法

故障现象	故障原因	处理方法
无法正常寻星	卫星安放角度不合适	调整便携式卫星安放角度（默认卫星是中星6A时，天线面大致指向东南方向）
	安放时周围遮挡	避开遮挡
	方位补偿角未调整	调整角度为 -80°~80°，边调整边寻星，直到能快速自动寻星完成为止
GPS长时间不定位	摆放位置不合适	检查GPS天线连接与摆放位置，可以手动输入GPS
单兵设备无法接入视频会议系统	未设置接收机频率	先将图传接收机频率输出设为单兵接收机频率，带宽选择2M，然后点击OK，即可手动搜索单兵频道进行连接
单兵信号串扰	单兵接收机频率设置为同一频率	修改为不同频率
接收机无图像或无声音	接收机未供电	检查接收机电源是否连接，电源开关是否打开
	电缆接线松动、天线架设不当或接头异常	检查所有的电缆连接，检查天线架设是否正确，天线接头是否进水、松动或脱落
	滤波放大器或变频器连接错误	检查滤波放大器或滤波变频器连接是否正确
	发射机位置超出射频有效覆盖范围	发射机的位置是否在射频有效覆盖范围内
	发射机工作异常	检查发射机工作是否正常
	存在同频信号干扰	检查附近是否有同频信号干扰
	接收机频率设置不当	检查接收机频率是否与发射机频率一致
接收机无图像，但声音正常	视频电缆连接有误	检查与电视或录像机连接的视频电缆

续表

故障现象	故障原因	处理方法
接收机无声音或噪声但图像正常	音频电缆连接有误	检查音频电缆的连接
	发射机音频连接有误	检查发射机是否连接至音频输出
	未连接拾音设备	检查发射前端有无拾音设备（麦克风）
图像连续，后出现停顿、黑屏，然后正常	信号不好	联系卫星公司确认载波信号，若是则调整频段
	附近有无对讲机或电台干扰	调整位置或者屏蔽干扰
图像发黑，有时出现闪动的横纹	检查发射机和摄像机的视频线和接口接触异常	重新插接、更换视频线，若仍不能解决则需更换接口
	接收机输出视频线屏蔽线异常	更换接收机输出视频线屏蔽线
图像出现绿色的或花色的色块	发射机视频接头松脱	固定好视频接头
覆盖范围突然变小	发射模块工作异常	报修处理
	检查发射机、接收机天线异常连接	重新连接
	发射模块供电的电瓶或开关电源异常	报修处理
	功率放大器工作异常	报修处理
	周边环境同频信号的电磁干扰	更换位置
覆盖范围小，传输距离不够远	接收天线的高度不够	增加接收天线的高度

六、日常维护及测试方法

（1）卫星天线重要安全措施。

1）天线主机座为全密封状态，请勿自行拆卸。

2）未用的接口请盖上密封盖，防止水、尘等杂物进入。

3）雷雨天请勿触摸电源线插头。

4）小心使用电源线，破损的电源线可能引起电击或火灾。

5）切勿把电源线压在天线下或其他重物下方。

在下列情况下需要关闭天线，拔掉电源线并在厂方指导下处理：当电源线或插头损坏；天线不能正常工作；天线被摔或破损。

（2）设备维护

1）严禁带电插拔电源电缆、中频电缆。

2）设备正常工作情况下请按软件提示正确操作，严禁工作中途强行断电。

3）方位、俯仰手动调整旋钮为紧急情况下提供调整天线的装置。

4）天线收藏时LNB应保持水平，当LNB不水平时，可用手直接旋转至水平。

5）天线收藏完成时反射面及馈源应基本与底座接触，如果有空隙可调整俯仰旋钮使其收藏到正确位置。

6）设备各种电缆请妥善收藏，防止损坏及丢失。

7）设备在野外使用完毕后请及时清洁，保持天线基座及反射面卫生。

8）雨、雪天使用后请及时将表面积水擦拭干净，干燥后方可储存。

（3）设备性能测试。每周应在条件允许的情况下至少对各设备、系统进行一次性能测试。

1）电源系统。

a. 交流配电部分。每周至少一次连接市电开启各设备进行性能测试，观测电压、电流等指标是否正常。

b. 便携式发电机。每周至少一次启动发电机对设备进行供电测试，观察配电面板上面的市电指示灯是否亮起，配电盘电量表参数显示是否正常。

c. 电池自检。电池自检包括电池手动自检和电池周期自检。①电池手动自检。UPS运行于市电输入，在线模式下且无告警，市电输入电压大于176Vac，输出负载量小于90%，按住开机/消音键（ON/MUTE ▲）持续4s，听到蜂鸣器“嘀”一声确认音后释放该键，电池手动自检开始，电池指示灯亮；自检完成后，电池指示灯灭。如有电池故障（电池未接、电池连接故障），电池指示灯闪烁，蜂鸣器鸣叫，并立刻退出自检。如果开启电池手动自检以后，电池自检失败，请检查电池连接，并让UPS再给电池充电1h，然后再次开启电池手动检测。如果仍然电池自检失败，请拨打售后电话咨询。②电池周期自检。用户可通过LCD设置电池自检周期。电池自检周期分别为0（禁止电池自检）、3（3个月）、6（6个月）、9（9个月）、12（12个月），默认设置：0（禁止电池自检）。

在市电输入，在线模式下，无故障告警，市电输入电压大于176Vac，输出负载量大于10%，小于90%，且1kVA UPS电池电压大于39Vdc，2/3kVA UPS电池电压大于78Vdc，如果设置的电池自检周期时间已到，便可执行电池周期自检。电池周期自检开始，电池指示灯亮；如果出现未接电池或电池连接故障时，故障指示灯亮，电池指示灯闪烁，蜂鸣器鸣叫UPS关机。

2）卫星通信系统。卫星通信系统每周至少进行一次设备性能测试，测试方法：①把便携站放到开阔地（能够对星）的任意位置；②安装好天线面（按操作要求）；③对天线平台和卫星设备机柜进行加电操作；④设置好相应的卫星参数（选取卫星如中星6A，亚洲4号等）；⑤按寻星键，天线将自动寻星。观测频谱仪，观察所选卫星的信标收星情况。正确结果：天线控制器设好参数后，在3min之内能自动对准卫星。

3）视频会议系统。

a. 视频会议接入测试。测试方法：待对准卫星或移动4G/联通3G后，等待网络开通，并且配置好视频会议终端的各项参数，连接远端MCU，观察连接结果；或者直接呼叫对端IP地址，等待连接。

b. 视频会议图像、语音测试。测试方法：先在本地进行测试，通过视频会议终端本地切换信号，观察音视频能否正确输出，等待网络开通后，与远端进行视频会议，测试各种信号能否在远端正确显示。

4）单兵图传系统。测试方法：①连接好单兵发射机和相应的话筒、摄像机，在图传系统接收机上设置好相应的参数；②在显示器上观测单兵系统发射的图像，并且通过音频系统与单兵进行通话，观测通话音视频质量。常见故障处理：单兵设备无法接入视频会议系统，需要对单兵信号进行手动搜索，操作方法是：先将图传接收机频率输出设为单兵接收机频率，带宽选择2M，然后点击OK，即可手动搜索单兵频道进行连接（注意单兵接收机频率不要设置为同一频率，否则会发生信号串扰）。

5）IP电话（软交换系统）。测试方法：连接IP电话机网线及电源，观测是否入网（显示电话号码），正确显示后可拨打内部电话、外部电话。IP电话在卫星通道下拨打短号长号均能正常拨通，拨打外线电话需加拨0，拨打外地电话需加拨两个0。

6）音视频系统。

a. 机架显示器测试。测试方法：对各种视频信号进行切换测试；正确结果：能够正确显示摄像机信号，单兵图传信号，视频会议终端信号。

b. 音箱测试。测试方法：播放电脑音频；正确结果：车内喇叭播放声音正常，无杂音。车外高音喇叭声音洪亮、无杂音。

c. 无线麦克测试。测试方法：通过机架显示器音箱收听麦克风的声音效果，并测试无线麦克的距离；正确结果：音箱在20m内播放声音正常，无杂音。

第六节　便携式频谱仪

一、便携式频谱仪的用途

便携式频谱仪主要用于射频和微波信号的频域分析，包括测量信号的功率，频率，失真产物等。在本系统中频谱仪主要用于观测卫星载波的性能指标及干扰情况等。如图5-61所示。

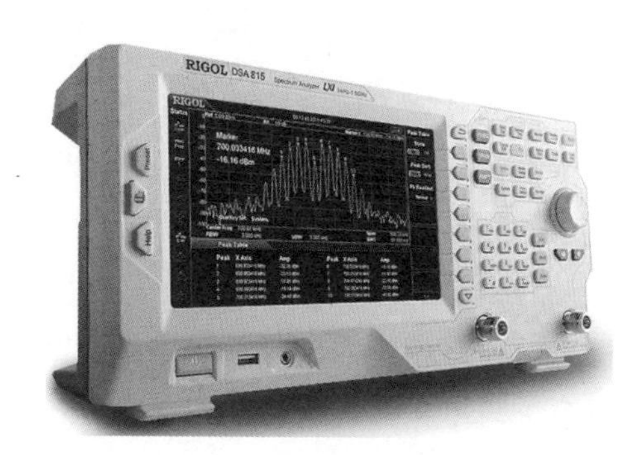

图5-61　便携式频谱仪

二、便携式频谱仪的结构

1. 便携式频谱仪的前面板

便携式频谱仪的前面板如图5-62所示。

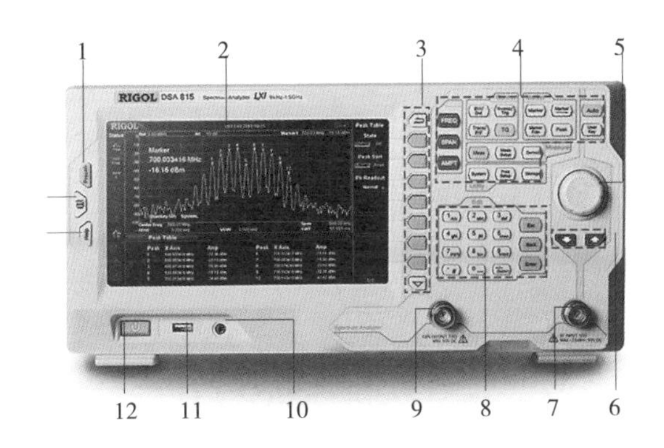

图 5-62　便携式频谱仪的前面板

1-恢复预设设置；2-LCD显示屏；3-菜单控制屏；4-功能键区；5-旋钮；6-方向键；7-射频输入；8-数字键盘；9-跟踪源输出；10-耳机插口；11-USB Host；12-电源开关

（1）前面板功能键如图5-63所示。具体说明见表5-11。

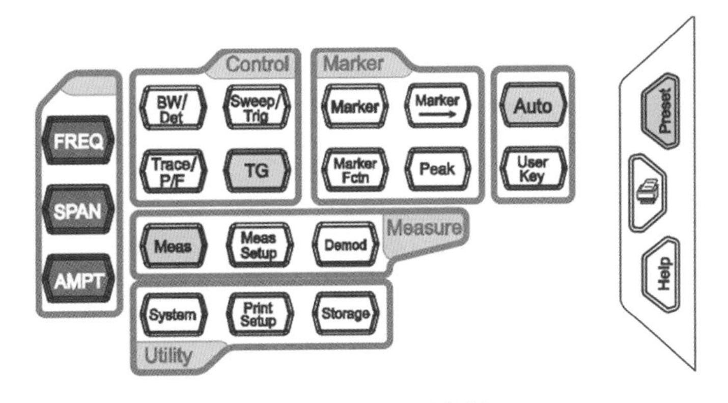

图 5-63　前面板功能键

表5-11　前面板功能键描述

功能键	功能描述
FREQ	设置中心频率、起始频率和终止频率等参数，也用于开启信号追踪功能
FREQ	设置中心频率、起始频率和终止频率等参数，也用于开启信号追踪功能
SPAN	设置扫描的频率范围
	也用于执行自动定标、自动量程和开启前置放大器
BW/Det	设置分辨率带宽（RBW）、视频带宽（VBW）和视分比选择检波类型和滤波器类型

续表

功能键	功能描述
Sweep/Trig	设置扫描和触发参数
Trace/P/F	设置迹线相关参数配置通过 / 失败测试
TG	设置跟踪源
Meas	选择和控制测量功能
Meas Setup	设置已选测量功能的各项参数
Demod	配置解调功能
Marker	通过光标读取迹线上各点的幅度、频率或扫描时间等
Marker—>	使用当前的光标值设置仪器的其他系统参数
Marker Fctn	光标的特殊功能，如噪声光标、 N dB 带宽的测量、频率计数器
Peak	打开峰值搜索的设置菜单，同时执行峰值搜索功能
System	设置系统相关参数
Print Setup	设置打印相关参数
Storage	提供文件存储与读取功能
Auto	全频段自动定位信号
User Key	用户自定义快捷键
Preset	将系统恢复到出厂默认状态或用户自定义状态
	执行打印或界面存储功能
Help	打开内置帮助系统

（2）前面板连接器如图5–64所示。

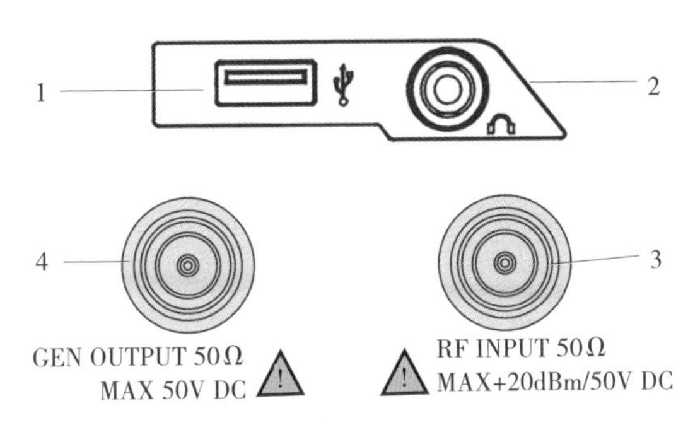

图 5-64 前面板连接器

1-USB Host；2-耳机插孔；3-射频输入；4-跟踪源输出

1）USB Host。频谱仪可作为"主设备"与外部 USB 设备连接。该接口支持 U 盘、USB 转 GPIB 扩展接口。

2）耳机插孔。频谱仪提供 AM 和 FM 解调功能。耳机插孔用于插入耳机听取解调信号的音频输出。您可以通过菜单 Demod 解调设置 打开或关闭耳机、调节耳机的音量。

3）GEN OUTPUT 50Ω（跟踪源输出 50Ω）。跟踪源的输出可通过一个带有 N 型阳头连接器的电缆连接到接收设备中。

4）RF INPUT 50Ω（射频输入 50Ω）。被测信号输入端。[RF INPUT 50Ω] 可通过一个带有 N 型阳头连接器的电缆连接到被测设备。

2. 便携式频谱仪后面板

便携式频谱仪后面板如图 5-65 所示。

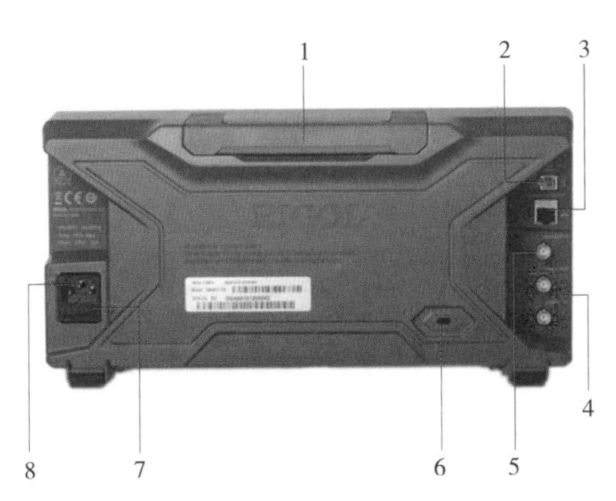

图 5-65 便携式频谱仪后面板

1-手柄；2-USB Device；3-LAN 接口；4-100MHz 输入、输出；5-TRIGGER IN；6-安全锁孔；7-保险丝；8-电源接口

三、便携式频谱仪的操作步骤

便携式频谱仪具体操作步骤如图5-66所示。

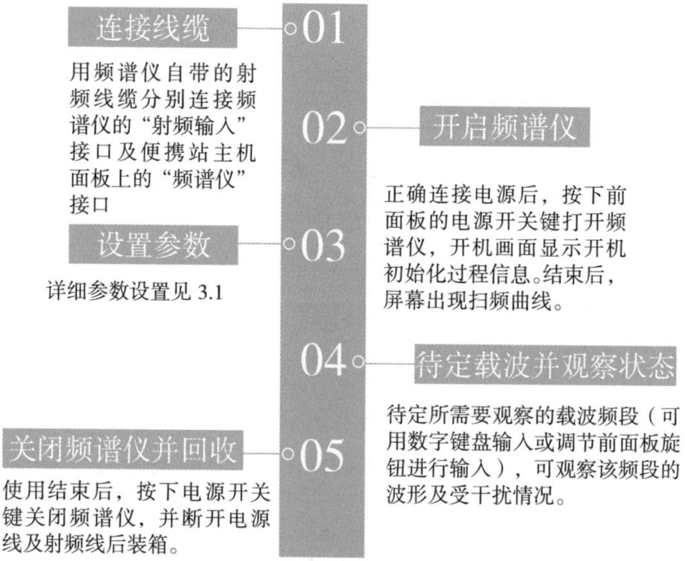

01 连接线缆

用频谱仪自带的射频线缆分别连接频谱仪的“射频输入”接口及便携站主机面板上的“频谱仪”接口

02 开启频谱仪

正确连接电源后，按下前面板的电源开关键打开频谱仪，开机画面显示开机初始化过程信息。结束后，屏幕出现扫频曲线。

03 设置参数

详细参数设置见3.1

04 待定载波并观察状态

待定所需要观察的载波频段（可用数字键盘输入或调节前面板旋钮进行输入），可观察该频段的波形及受干扰情况。

05 关闭频谱仪并回收

使用结束后，按下电源开关键关闭频谱仪，并断开电源线及射频线后装箱。

图5-66　便携式频谱仪具体操作步骤

本系统频谱仪常用设置如下：

扫宽：20MHz；

幅度：-35dB；

对数刻度：5dB；

分辨带宽：300kHz；

视频带宽：100kHz；

扫描时间：50ms。

四、便携式频谱仪操作注意事项

（1）在使用频谱仪前，确保将频谱仪放置于平稳面上使用，以免造成跌倒、烫伤等意外事故。

（2）使用频谱仪时，打开支撑脚以作为支架使仪器向上倾斜，便于操作和观察。在不使用仪器时，合上支撑脚以方便放置或搬运。

（3）禁止以拉拽电源线方式移动仪器位置。

（4）通电后禁止用毛巾、衣物等物品覆盖仪器，以免引起温度升高发生危险。

五、常见故障及处理办法

常见故障及处理方法见表5-12。

表5-12 常见故障及处理方法

故障现象	处理方法
按下电源键，频谱仪仍然黑屏	1. 检查风扇是否转动：如果风扇转动，屏幕不亮，可能是屏幕连接线松动；如果风扇不转，说明仪器并未成功开机 2. 检查电源：检查电源接头是否已正确连接，电源开关是否已打开；检查电源熔丝是否已熔断。如需更换熔丝，请使用仪器指定规格的保险丝（5 mm × 20 mm，250V AC，T2A）
按键无响应或串键	1. 开机后，确认是否所有按键均无响应 2. 按 System —自检—键盘测试，确认是否有按键无响应或者串键现象 3. 如存在上述故障，可能是键盘连接线松动或者键盘损坏，请勿自行拆卸仪器，并及时与厂家联系
界面谱线长时间无更新	1. 检查界面是否被锁定，如已锁定，按 Esc 键解锁 2. 检查当前是否未满足触发条件，请查看触发设置以及是否有触发信号 3. 检查当前是否处于单次扫描状态 4. 检查当前扫描时间是否设置过长
测量结果错误或精度不够	1. 检查外部设备是否已正常连接和工作 2. 对被测信号有一定的了解，并为仪器设置适当的参数 3. 在一定条件下进行测量，例如开机后预热一段时间，特定的工作环境温度等 4. 定期对仪器进行校准，以补偿因仪器老化等因素引起的测量误差

六、日常维护及保养

（1）勿将本仪器放置在长时间收到日照的地方。

（2）根据使用情况经常对仪器进行清洁。

1）断开电源。

2）用潮湿但不滴水的软布（可使用柔和的清洁剂或清水）擦拭仪器外部的浮尘。清洁时注意不要划伤 LCD 显示屏。

（3）使用完毕，待仪器温度降至室温后（通常约20min），再行妥善保存。

（4）在潮湿环境长期存放时，应据情况间隔适当时间通电20min左右以除潮，注意避免积尘。

第六章　应急照明装备

在各类突发事件的应急处置过程中，应急照明装备发挥了重要的作用。根据应急照明装备的特性及使用环境，对常用应急照明装备分为大型自发电移动照明装备、中型自发电移动照明装备、小型自发电移动照明装备、充电照明装备、帐篷照明装备、单兵照明装备六大类。

针对这六大类照明装备，分别从其功能及应用、一般结构、操作步骤、常见问题及处理、日常维护和保养五个方面进行介绍。

第一节　大型自发电移动照明装置

一、功能及应用

适用于大型救援、抢险救灾、防洪防汛、施工作业及大型保电现场的户外大面积泛光照明。

灯盘由4盏1000W金卤灯组成，灯杆可升起10m，灯光覆盖半径达120~150m，灯杆可水平旋转360°，灯头可垂直旋转90°改变照射角度。全封闭整体机组设计，控制系统集成化，控制开关、显示屏，指示仪表全部集成在同一面板上，发动机组启动、灯杆升降、液压支脚收放、灯具开关全部独立自动控制。采用国际优质发电机组，动力强劲，液压支脚展开面积大，支撑力强，抗风等级达8级。可采用拖车、叉车、吊车进行移动和运输。设备可接入220V交流供电输入使用照明，也可输出220V交流电供其他小型设备使用。

二、一般结构

以典型产品海洋王SFW6130B全方位移动照明灯塔为例，如图6-1所示。

图 6-1 典型产品：海洋王 SFW6130B 全方位移动照明灯塔

1- 灯头组件；2- 灯杆；3- 手刹；4- 牵引杆；5- 车轮；6- 液压支撑腿；7- 操作面板；8- 散热水箱；9- 发动机；10- 发电机；11- 蓄电池；12- 液压站

三、操作步骤

（1）检查灯具

1）检查灯具外观有无少零部件。

2）检查电缆线有无脱落及损坏。

3）检查每个部件的紧固件有无松动。

4）检查机油、燃油、液压油、水是否有加满。

（2）加注柴油、机油、液压油、冷却水。

1）加注0号柴油40L以上，才能启动发动机，通过油位表观测，至少超过红色警戒线。

2）拧下机油盖，加注CD40机油，需使机油位置处于机油塞尺的下刻度和上刻度之间。

3）从车体上部注水口加入适量水，同时加入防冻液（与水按照1∶2的比例），以注满不溢出为准。

4）加注液压站内的液压油，添加46号抗耐磨液压油或是HF-268号液压油，以注满不溢出为准。

（3）安装接地线。

（4）启动电源开关、启动发电机。插入钥匙顺时针转到“ON”位置，然后长按绿色启动键5s，灯具自动启动。

（5）开启电源空开开关。

（6）调节液压支撑腿。

（7）调节水平仪，使灯具保持水平。

（8）升起灯杆。

（9）调节灯具照射方向。

（10）开启灯具。依次打开灯头开关，每个灯头开启时间间隔30s。

（11）关闭操作步骤（启动步骤反操作）。

1）关闭灯头开关。

2）将灯杆降低到原始高度。

3）收起液压支撑腿。

4）关闭电源开关。

5）关闭发动机。

注意：此处顺序切勿颠倒，必须是灯杆下降后才能收起液压支脚，否则会出现灯塔翻转的安全隐患。

（12）220V交流供电输入及输出操作步骤。

1）220V交流供电输入。①关闭发电机；②将220v交流电插头插入灯塔市电输入端口；③打开电压总开关，即可控制灯塔升降及灯具开关。

2）220V交流供电输出。①启动汽油发电机；②将输出插头插入灯塔220V输出端。

大型自发电移动照明装置操作步骤如图6-2所示。

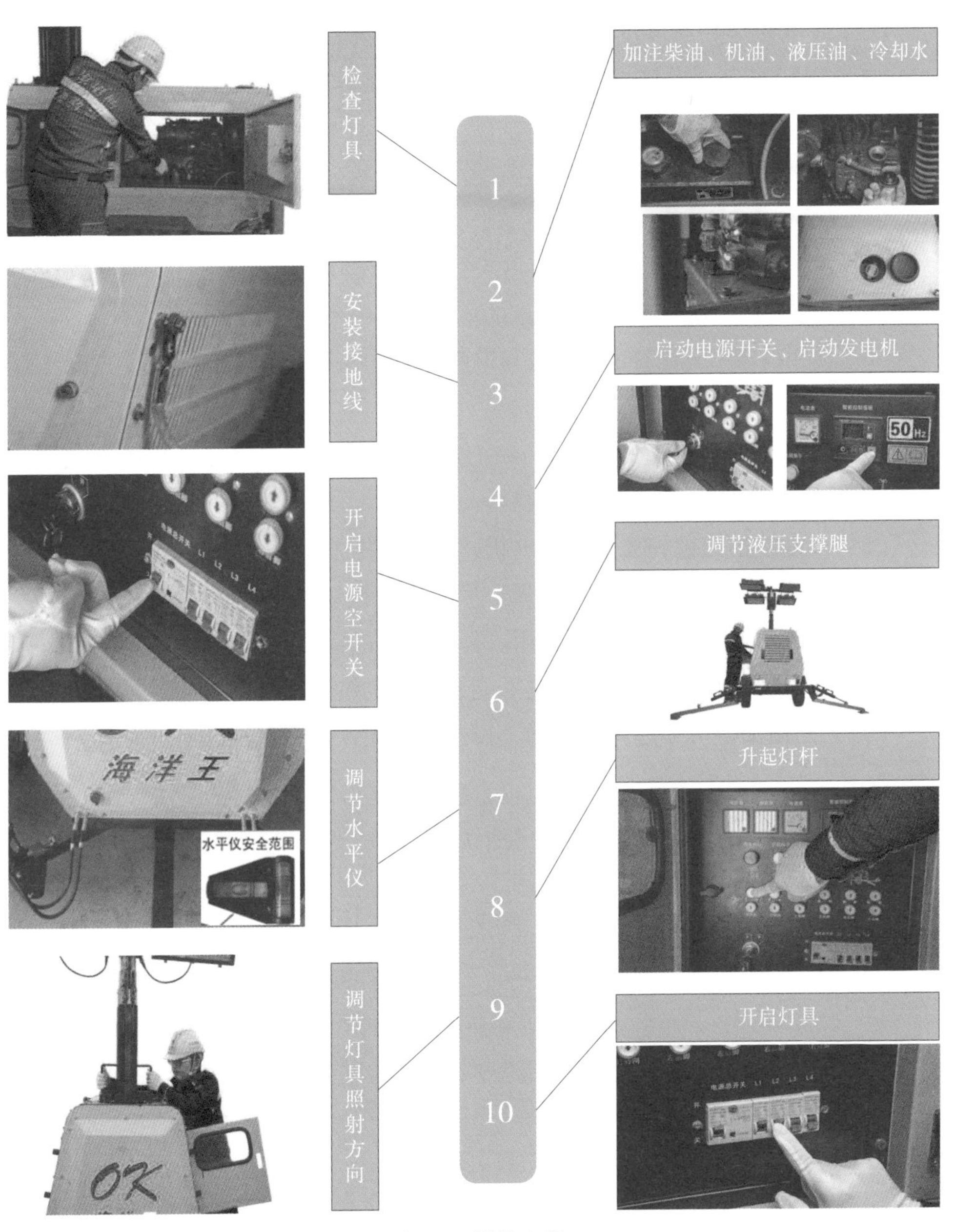

图 6-2　操作步骤

四、注意事项

（1）操作前，务必安装接地针，接地线选用16mm^{2}以上软铜线，发动机启动前灯具客体部分有效接地。

（2）发电机应在通风良好的环境下使用，不要在室内使用发电机。

（3）拖行灯塔时，正常运行时不得超过60km/h，拐弯运行时，不得超过50km/h。

（4）灯塔在拖行、吊装、搬运工程中，严禁升降灯杆、翻转灯头和打开电源。

（5）在灯杆升起和降落时，前后4个液压支脚以及导向轮必须始终处于放下且支撑状态，否则会造成车体倾翻的危险。

（6）使用前牵引支撑杆的导向轮与地面接触，将手刹置于制动位置，避免车体移动。

（7）升降杆在升降过程中，应该密切注意周围环境，防止灯头撞击或挂碰电线、横梁、树枝等周边及高空事物。

（8）市电接通之前，先关闭发电机，禁止将本发电机与市电用电线路连接。

（9）市电接入灯塔后，电路接通，因为急停按钮只是控制发电机组的开关。所以发生危险时，急停按钮不起作用，需用另外的措施排除危险。

（10）灯具在工作时，额外供电不能超过发电机组总功率。

（11）使用发电机要远离易燃物，安全距离应保持在30m以上。

五、常见问题及处理

常见问题及处理见表6-1。

表6-1　常见问题及处理

不良现象	解决对策
发动机无法启动	1. 检查燃油、机油是否充足； 2. 电池是否有电压且大于12.5V 3. 油路开关是否拨至ON位置
光源无法点亮	1. 检查灯头进线是否有电压； 2. 调节灯头瓷座拨片或更换光源
液压支撑腿无法调平	1. 检查液压油箱及支撑腿各紧固件是否松动，如有松动需拧紧； 2. 按照说明书更换液压油
升降杆连接钢丝绳断裂	更换钢丝绳

六、日常维护和保养

（1）定期检查机油、柴油、液压油的油量，如不足必须及时添加。

（2）每隔6个月或运行500h清理一次油水分离器、空气滤清器、机油、柴油滤清器。

（3）启动蓄电池每三个月需要充放电保养一次，测量电池电量（DC12V），如长久不使用，可断开启动蓄电池的导线，防止蓄电池电量用光，注意使用时电池的正负极不要接错。

（4）在长时间不使用的情况下，需要每三个月开机运行半小时，依次运行电器、机械传动、升降、灯头翻转、灯具亮灭等。

（5）每6个月或冬天低于零度的时候，在启动前检查冷却液的防冻功效，每12个月必须补充一次。

第二节　中型自发电移动照明装置

一、功能及应用

适用于各种户外施工作业、维护抢修、事故处理、抢险救灾等作移动照明和应急照明。

中型自发电移动照明装置分为泛光型和聚光型，其中泛光型灯盘一般由4组500W卤素灯组成，灯杆可升高到4.5~6m，灯光覆盖半径达30~50m；聚光型灯盘由2组400W金卤灯组成，灯杆可升高到3.5m，灯光最远可照射距离达100~150m。发电机组供电一次注满燃油可连续工作13h，采用电动或手动气泵可快速控制伸缩气缸的升降。通过无线遥控可在30m范围内分别控制每盏灯的开启和关闭。泛光型灯具下部气缸采用可调式三脚支架支撑，在不超过15°的斜坡、碎石路面及面积狭窄的地方能可靠固定。灯具灯盘、气缸和发电机组为整体结构，发电机组底部装有万向轮和铁轨轮，可在坑洼不平的路面及铁轨上运行。整体采用各种优质金属材料制作，结构紧凑，性能稳定，能在各种恶劣环境和气候条件下正常工作，抗风等级为8级。

二、一般结构

以典型产品海洋王SFW6110B全方位自动泛光工作灯为例，如图6-3所示。

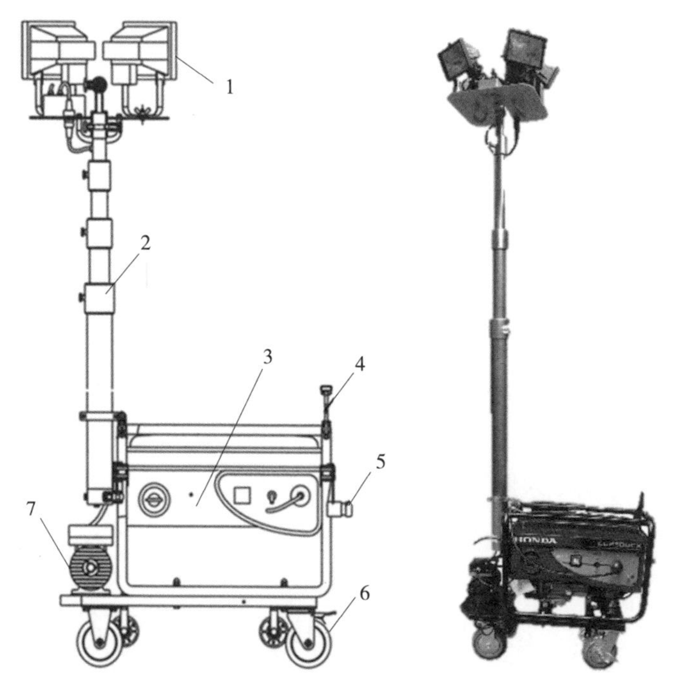

图 6-3　典型产品：海洋王 SFW6110B 全方位自动泛光工作灯

1- 灯盘组件；2- 伸缩气缸；3- 发电机组件；4- 气缸托架；

5- 灯盘挂架；6- 万向轮；7- 气泵

三、操作步骤

（1）检查灯具。

1）检查灯具外观有无少零部件；

2）检查电缆线有无脱落及损坏；

3）检查每个部件的紧固件有无松动；

4）检查机油、燃油是否加满。

（2）锁紧固定螺钉。

（3）组装灯盘，将灯盘与气缸顶部紧密连接，手动拧紧卡扣。

（4）联通线路。

（5）检查汽油、机油油位。

（6）安装接地线。

（7）打开燃油阀、风门、启动开关。

（8）启动发动机。

（9）关闭风门。

（10）打开电源总开关。

（11）升起灯杆。

（12）遥控开启灯具。

（13）关机操作（启动步骤反操作）

1）关闭灯头开关；

2）将灯杆降低到原始高度；

3）将灯头拆卸后放回灯头箱；

4）关闭电源开关；

5）关闭发电机。

注意：此处顺序切勿颠倒，拆卸灯头时注意灯头温度，避免烫伤！

（14）220V交流供电输入及输出操作步骤。将灯头插头及气泵插头直接接入220V接线板或线盘。

（15）220V交流供电输出。

1）启动汽油发电机；

2）将输出插头插入电源输出插排。

中型自发电移动照明装置操作步骤如图6–4所示。

四、注意事项

（1）操作前，务必安装接地针，接地线选用16mm^{2}以上软铜线，发动机启动前灯具客体部分有效接地。

（2）发电机应在通风良好的环境下使用，不要在室内使用发电机。

（3）发电机在拖行、吊装、搬运工程中，严禁升降灯杆、翻转灯头和打开电源。

（4）灯具在工作时，额外供电不能超过发电机组总功率。

（5）使用发电机要远离易燃物，安全距离应保持在30m以上。

五、常见问题及处理

常见问题及处理见表6–2。

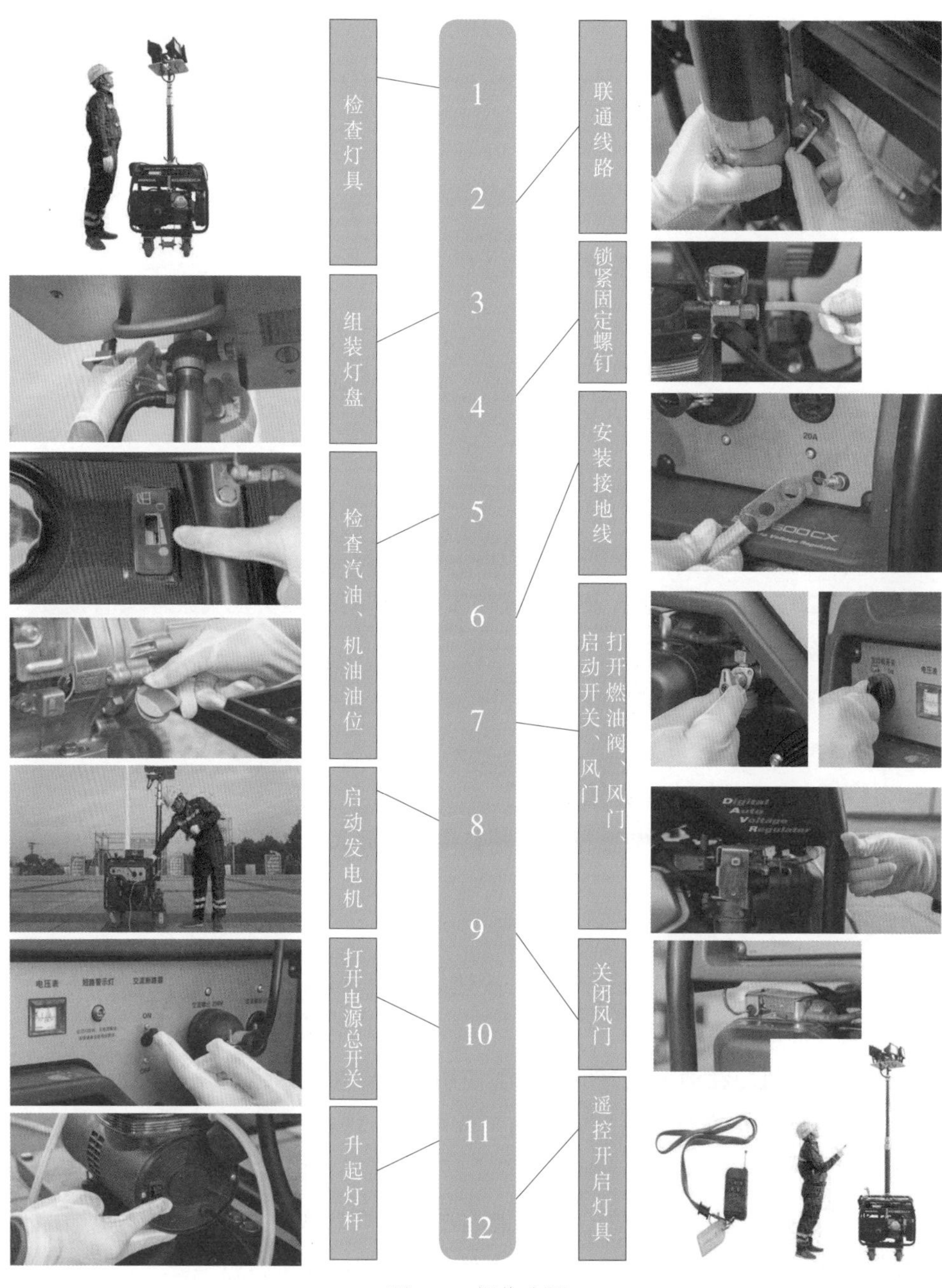
1
2
3
4
5
6
7
8
9
10
11
12
检查灯具
组装灯盘
检查汽油、机油油位
启动发电机
打开电源总开关
升起灯杆
联通线路
锁紧固定螺钉
安装接地线
打开燃油阀、风门、启动开关、风门
关闭风门
遥控开启灯具
20A
Digital
Auto
Voltage
Regulator

图 6-4　操作步骤

表6-2 常见问题及处理

不良现象	解决对策
发动机无法启动	1. 检查燃油、机油是否充足； 2. 风门是否搏至正确位置； 3. 油路开关是否拨至 ON 位置
光源无法点亮	1. 检查光源是否损坏； 2. 检查灯头进线是否有电压； 3. 供电插头是否接触不良或损坏
遥控器无法控制	1. 遥控范围控制在30m 以内； 2. 更换遥控器电池

六、日常维护和保养

（1）定期检查机油、燃油油量，如不足必须及时添加。

（2）检查发电机机油是否存在变质问题，长期存放注意化油器的清洗保养。

（3）检查发动机火花塞情况，及时处理积碳问题，发蓝火为佳。

（4）升降系统容易被异物侵入，注意定期检查机械结构，清理异物，增加润滑。

（5）灯具避免频繁开闭，运输过程中注意灯头的紧固，防止强力碰撞。

（6）在长时间不使用的情况下，需要每三个月开机运行半小时，依次运行电器、机械传动、升降、灯具亮灭等。

第三节 小型自发电移动照明装置

一、功能及应用

适用于各种户外施工作业、应急抢修（特别是山地、爬坡、交通不便的区域）、检修（对噪声有特殊要求的区域，如市区）、变电站设备检修 、线路抢修、应急救灾等现场移动照明和应急照明。

小型自发电移动照明装置灯头一般由2组48W LED光源组成，灯杆可升高到2.3m高，灯光覆盖半径达15~20m ；聚光型灯盘由2组400W金卤灯组成，使用寿命长。灯具采用五节伸缩杆作为升降调节方式，可根据照明高度要求手动操作迅速升降灯盘，最大升起高度为2.3m；每个灯头可水平360°旋转，垂直做90°翻转，灯光最远可照射距离达15~20m。发电机组供电一次注满燃油可连续工作5.5h。

二、一般结构

以典型产品海洋王SFW6121多功能升降工作灯为例，如图6–5所示。

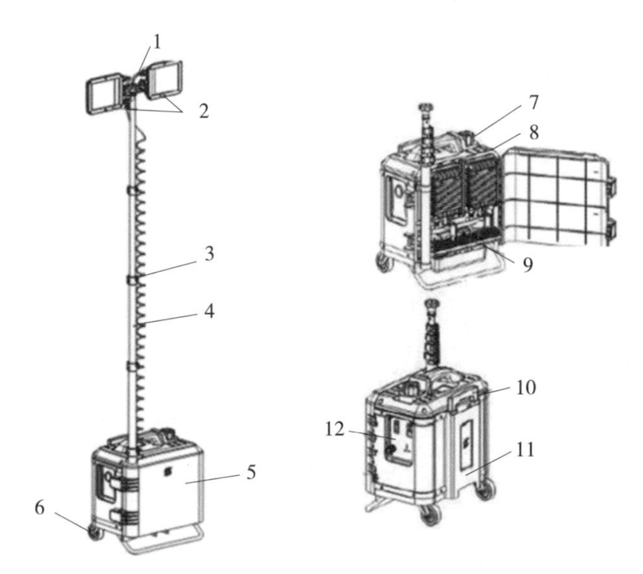

图6–5　典型产品：海洋王SFW6121多功能升降工作灯

1–手拧螺母；2–泛光灯头；3–升降杆；4–弹弓线；5–外壳；6–行走轮；7–数码发电机；8–灯头内支架；9–弹弓线托架；10–拉杆；11–外壳；12–发电机控制面板

三、操作步骤

（1）检查灯具。

1）检查灯具外观有无少零部件；

2）检查电缆线有无脱落及损坏；

3）检查每个部件的紧固件有无松动；

4）检查机油、燃油是否加满。

（2）安装升降杆。

（3）安装灯头（灯头接线木头朝上），手动拧紧手拧螺母。

（4）检查汽油油位。

（5）检查机油油位。

（6）升起升降杆。

（7）燃油开关拨至“ON”。

（8）风门拨至“启动”。

（9）发电机开关拨至“ON”。

（10）拉动手柄启动发电机。

（11）风门拨至“运行”。

（12）打开灯具开关并开启节能开关。

（13）关机操作（启动步骤反操作）。

1）关闭灯头开关；

2）将灯杆降低到原始高度；

3）关闭电源开关；

4）将灯头拆卸后放回箱内。拆卸灯头时注意灯头温度，避免烫伤。

小型自发电移动照明装置操作步骤如图6-6所示。

四、注意事项

（1）操作前，务必安装接地针，接地线选用16mm^{2}以上软铜线，发动机启动前灯具客体部分有效接地。

（2）发电机应在通风良好的环境下使用，不要在室内使用发电机。

（3）发电机在拖行、搬运工程中，严禁升降灯杆、翻转灯头和打开电源。

（4）在灯杆升起和降落时，前后4个液压支脚以及导向轮必须始终处于放下且支撑状态，否则会造成车体倾翻的危险。

（5）灯具在工作时，额外供电不能超过发电机组总功率。

（6）使用发电机要远离易燃物，安全距离应保持在30m以上。

五、常见问题及处理

小型自发电移动照明装置常见问题及处理见表6-3。

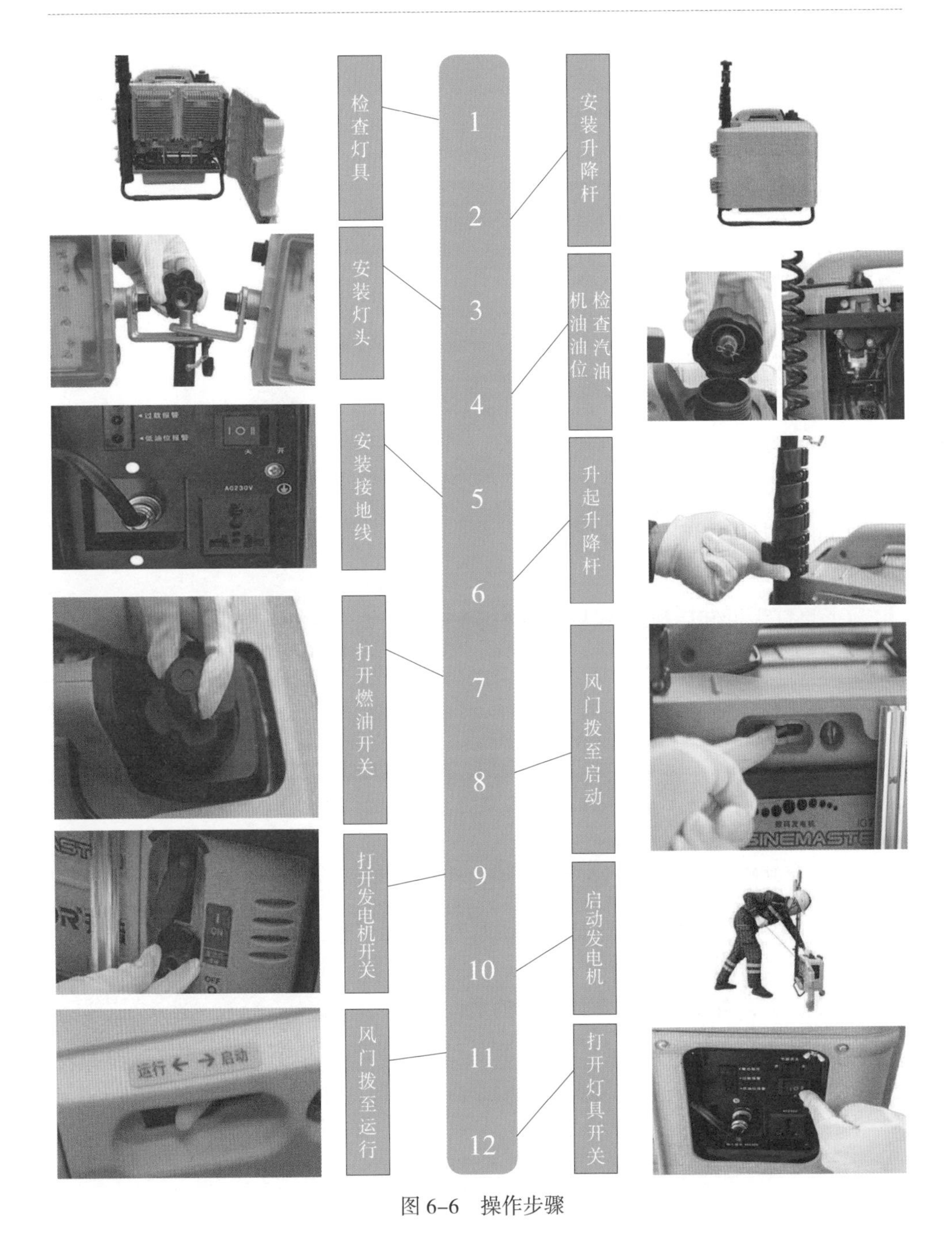
1 检查灯具
2 安装升降杆
3 安装灯头
4 检查汽油、机油油位
5 安装接地线
6 升起升降杆
7 打开燃油开关
8 风门拨至启动
9 打开发电机开关
10 启动发电机
11 风门拨至运行
12 打开灯具开关
AC230V
运行 ← → 启动

图 6-6　操作步骤

表6–3 常见问题及处理

不良现象	解决对策
发动机无法启动	1. 检查燃油、机油是否充足 2. 风门是否拨至正确位置 3. 油路开关是否拨至ON位置 4. 火花塞积碳严重，清除积碳或更换火花塞 5. 化油器油路堵塞，清晰化油器 6. 机油箱渗入汽油，更换机油
光源无法点亮	1. 检查光源是否损坏 2. 检查灯头进线是否有电压 3. 供电插头是否接触不良或损坏

六、日常维护和保养

（1）定期检查机油、燃油油量，如不足必须及时添加。

（2）检查发电机机油是否存在变质问题，长期存放注意化油器的清洗保养。

（3）检查发动机火花塞情况，及时处理积碳问题，发蓝火为佳。

（4）升降系统容易被异物侵入，注意定期检查机械结构，清理异物，增加润滑。

（5）灯具避免频繁开闭，运输过程中注意灯头的紧固，防止强力碰撞。

（6）在长时间不使用的情况下，需要每三个月开机运行半小时，依次运行电器、机械传动、升降、灯具亮灭等。

第四节 充电移动照明装置

一、功能及应用

充电移动照明装置适用于各种小范围户外施工作业、维护抢修、事故处理、抢险救灾等场合。

充电式移动照明装置一般兼具泛光型和聚光型，多为单灯头或双灯头，单个灯头功率在27~50W之间，灯杆可升高到0.6~2.3m，照射半径达30~200m。电池类型多为锂离子电池，具备蓄电能力强，自放电率低，可循环充电次数多（高达1000次），充满一次电可连续工作6~48h。升降灯杆灯具采用伸缩杆作为升降调节方式，可根据照明高度要求手动操作迅速升降灯头，每个灯头可水平360°旋转，垂直做90° ~360°翻转。整体外壳采用各种优质塑料材料制作，结构紧凑，性能稳定，能在各种恶劣环境和气候条件下正常工作。

二、一般结构

1. 行李箱式充电照明装置

以典型产品海洋王FW6128移动照明为例，系统结构如图6-7所示。

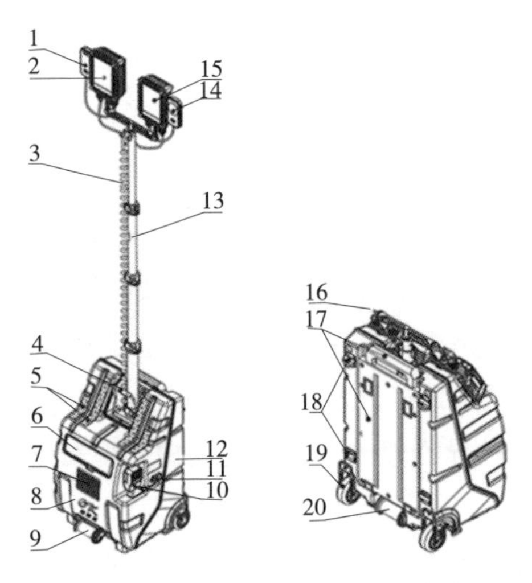

图6-7　典型产品：海洋王FW6128移动照明系统

1-摄像模块；2-左灯头；3-弹弓线；4-提手；5-反光条；6-控制窗口；7-喇叭扩音口；8-前壳；9-前铁轨轮（可选）；10-手唛；11-充电口；12-后壳；13-升降杆；14-警示灯模块；15-右灯头；16-手拧螺母；17-拉杆；18-背带扣；19-行走轮；20-后铁轨轮（可选）

2. 便携式充电照明装置

以典型产品海洋王FW6116 LED轻便移动灯为例，如图6-8所示。

三、操作步骤

1. 海洋王FW6128移动照明系统操作步骤

（1）升起灯杆。

（2）调整灯头照射角度。

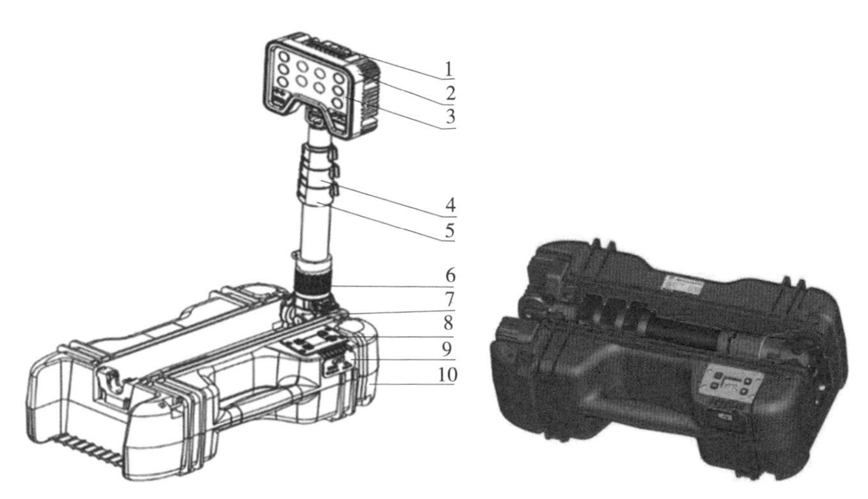

图 6-8 典型产品：海洋王 FW6116 LED 轻便移动灯

1- 警示灯组件；2- 灯头组件；3- 灯头透镜；4- 扳手组件；5- 升降杆组件；6- 升降杆定位套环；7- 升降杆拖扣；8- 控制板组件；9- 充电口塞；10- 箱体组件

（3）打开电源总开关。

（4）打开聚/泛光。

（5）打开警示灯。

（6）打开摄像头。

（7）打开扩音器开关。

（8）拿起手唛喊话。

（9）关机操作（启动步骤反操作）。①关闭灯头开关；②关闭扩音器；③关闭电源开关；④收起灯头、警示灯及摄像模组；⑤降下灯杆。

此处顺序切勿颠倒，收回灯头时注意灯头温度，避免烫伤。

（10）12V 直流供电输出操作步骤。直接将 USB 电源插头插入操作面板 USB 插孔。具体操作步骤如图 6-9 所示。

2. 海洋王 FW6116 LED 轻便移动灯操作步骤

（1）取出灯头并锁紧定位环。

（2）升起升降杆。

（3）打开电源开关。

（4）切换灯光模式（聚光、泛光、聚泛光）。

（5）调节亮度。

（6）打开警示灯。

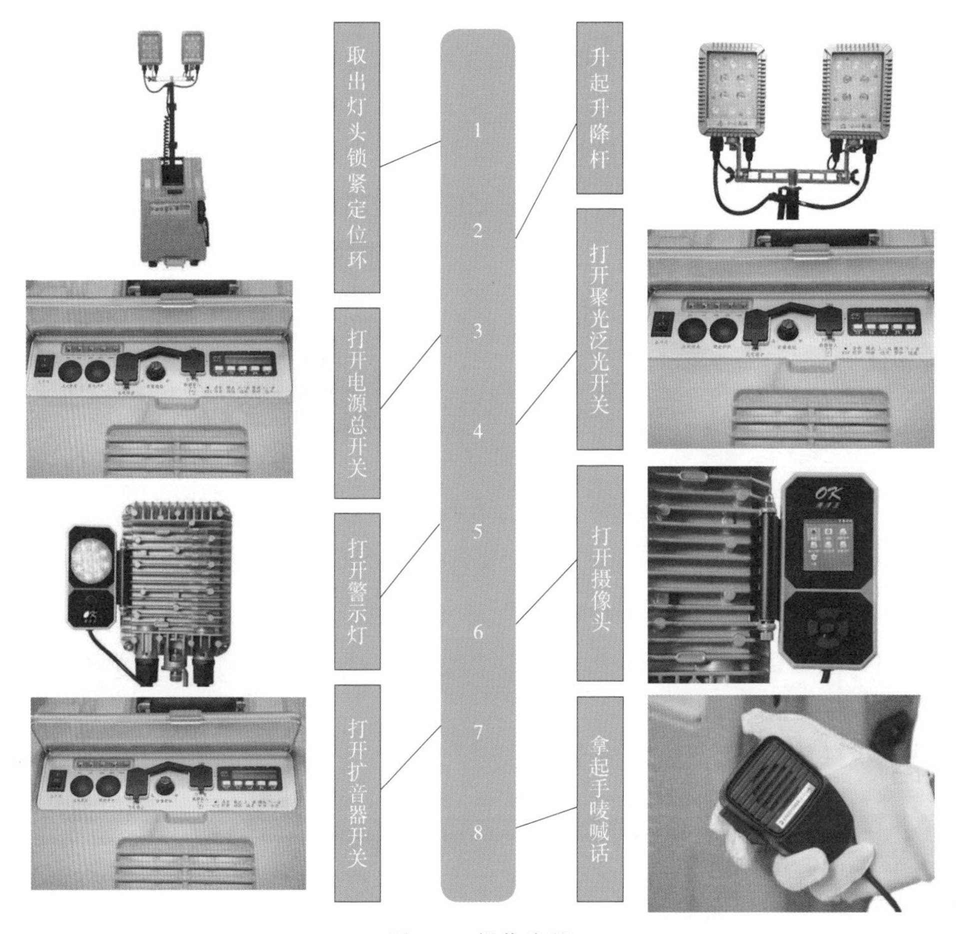

图 6-9 操作步骤

（7）关机操作（启动步骤反操作）。①关闭警示灯开关；②关闭灯具开关；③收起升降杆；④松开卡环并收回灯头。

此处顺序切勿颠倒，收回灯头时注意灯头温度，避免烫伤。

（8）12V直流供电输出操作步骤。

直接将USB电源插头插入充电口USB插孔。操作步骤如图6-10所示。

四、注意事项

（1）灯具存储环境避免高温、潮湿。

（2）灯具出现故障，请勿自行拆卸灯具，避免造成灯具的损坏，请与海洋王专业服务工程师联系解决。

（3）维修后，电池请勿随意扔弃，进行环保回收，进行处理。

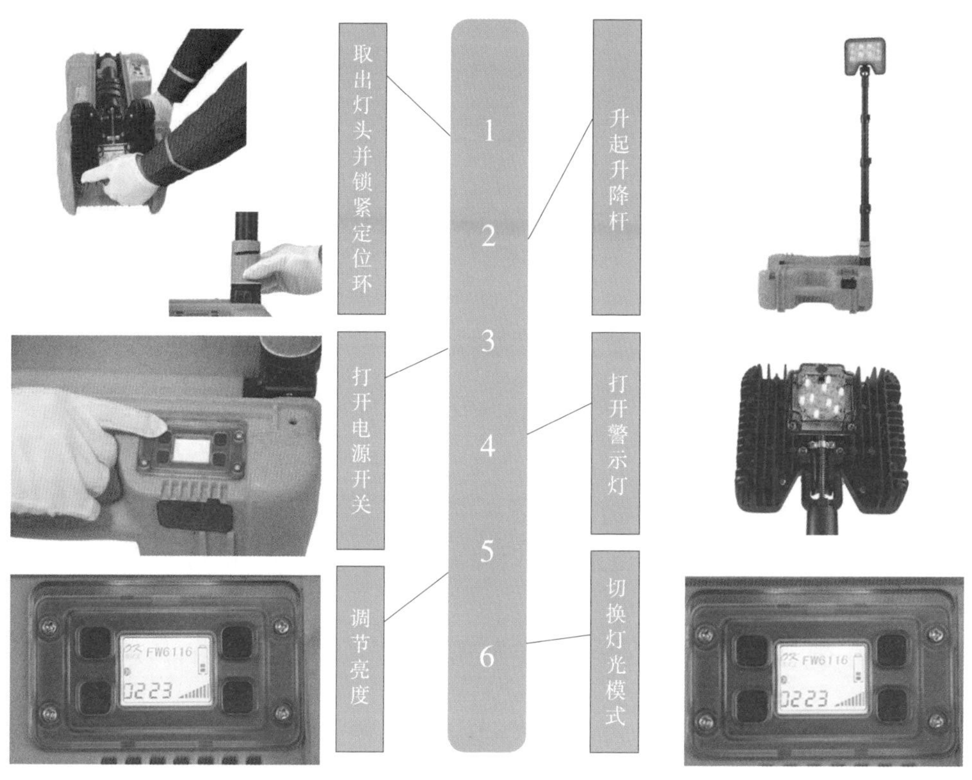

图 6–10 操作步骤

五、常见问题及处理

常见问题及处理见表6–4。

表6–4 常见问题及处理

不良现象	解决对策
升降杆不能垂直角度固定	1. 手动拧紧卡环 2. 如卡环损坏，更换卡环

六、日常维护和保养

（1）灯具使用完毕，及时进行充电，充满后进行存放，延长电池使用寿命，以便应急的需要。

（2）每次灯具使用后，用干净的软布擦拭灯具面，确保外壳能够长期保持崭新的状态。

（3）灯具存储3~6个月，需要将灯具充放电一次，然后将灯具充满电进行放置保存。

（4）灯具存储环境在确保常温干燥为佳。

第五节　帐篷照明设备

一、功能及应用

适用于户外帐篷使用，工作棒单独使用也适用于电网电缆检修、配电柜检修、高空电杆作业等各专业小范围检修时的抢修照明。

由4个9W的 LED工作棒组成，可直接磁力吸附在帐篷支架上，也可通过挂钩挂在帐篷支架上，工作棒泛光工作时间5.5h，聚光工作时间20h以上，自带充电锂离子电池，防护等级IP65。

典型产品：海洋王 FW6600 L帐篷照明组合箱其外形如图6–11所示。

图6–11　典型产品：海洋王 FW6600 L帐篷照明组合箱

二、一般结构

帐篷照明设备一般结构如图6–12所示。

三、操作步骤

（1）取出灯具。

（2）安装挂钩。

（3）采用磁力吸附或吊挂方式固定在帐篷侧壁或顶部。

（4）按现场实际情况调整灯头的角度。

（5）打开灯具开关。

（6）使用完毕后关闭开关，收回工具箱内。

操作步骤如图6-13所示。

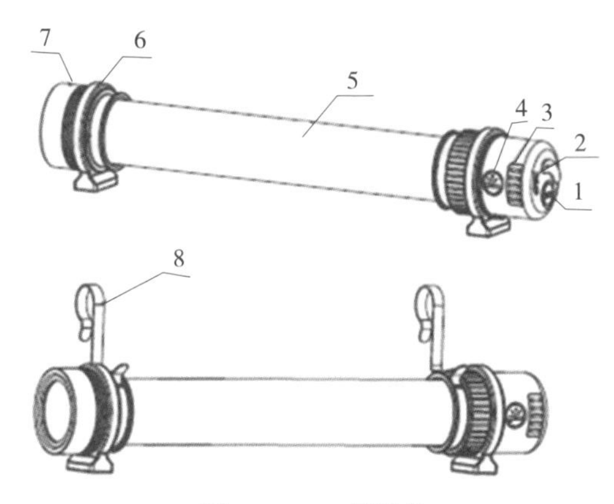

图6-12 一般结构

1-灯体泛光按键开关；2-充电口防尘塞；3-电量显示指示灯；4-灯头聚光按键开关；5-泛光透光罩；6-磁铁环；7-灯头；8-挂式安装方式选配件

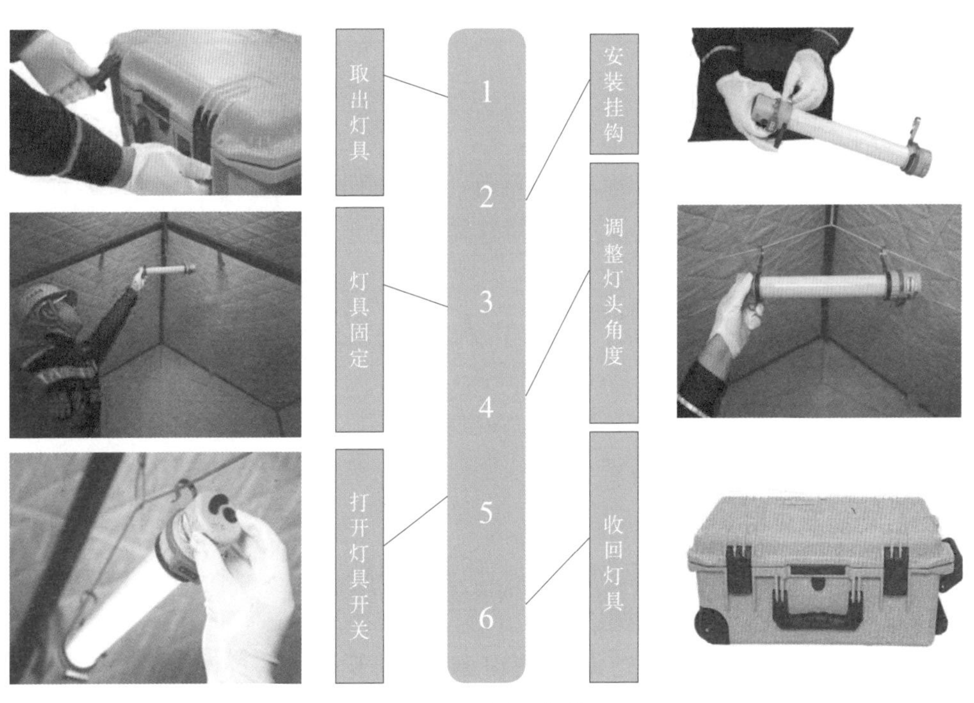

图6-13 操作步骤

四、注意事项

（1）使用前确认工作棒安装牢固。

（2）每次使用后要及时充电，务必不要空电放置。

（3）灯具充电要使用与灯具配套的充电器进行充电。

五、常见问题及处理

常见问题及处理见表6–5。

表6–5　常见问题及处理

不良现象	解决办法
灯具不亮	1. 插上充电器对灯具进行充电，打开开关看灯具是否能亮 2. 如能亮，说明光源没有问题 3. 充电10min，拔掉充电器，灯具能持续亮，则说明电池没电，即继续充电 4. 拔掉充电器，灯具即不亮，则说明电池故障，更换电池
充电器指示灯不变颜色	说明充电器故障，更换充电器

六、日常维护和保养

（1）定期要对外壳及充电口进行清理，确保能正常充电。

（2）长期不用时，每3~6个月要对灯具进行充电一次 。

第六节　个人单兵装备

一、便携式防爆探照灯

1. 功能及应用

适用于故障排查、事故抢修、应急环境下远距离搜救等各种室内外现场照明。

图6–14　便携式探照灯

灯具采用12W的LED光源，平均寿命大于100000h，强光工作时间5h，工作光工作时间10h，自带充电锂离子电池，有小于2h的快速充电模式，可在各种易燃易爆场所使用，防护等级IP66，如

图6–14所示。

2. 一般结构

典型产品：海洋王RJW7103手提式防爆探照灯其外形如图6–15所示。

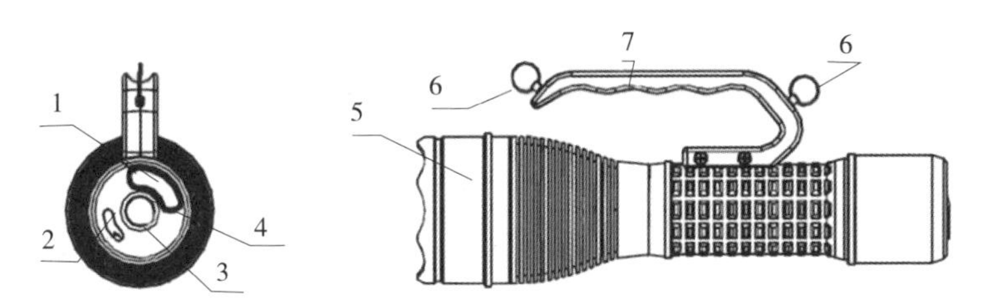

图6–15 典型产品：海洋王RJW7103手提式防爆探照灯

1–电量显示；2–充电口；3–方位灯；4–按键开关；5–灯具；6–系环；7–提手

3. 操作步骤

（1）将灯具放置（确保灯具稳固）所需照明的工作区域。

（2）按动灯具开关。

（3）根据现场实际情况调整灯具的工作光和强光。

（4）根据工作需求调整灯具照射角度。

（5）使用完毕后按动灯具开关关闭。

4. 注意事项

（1）使用前先确定灯具外观完好，手柄紧固。

（2）每次使用后要及时充电，务必不要空电放置。

（3）灯具充电要使用与灯具配套的充电器进行充电。

5. 常见问题及处理

常见问题及处理见表6–6。

表6–6 常见问题及处理

不良现象	解决对策
灯具不亮	1. 插上充电器对灯具进行充电，打开开关看灯具是否能亮 2. 如能亮，说明光源没有问题 3. 充电10min，拔掉充电器，灯具能持续亮，则说明电池没电，即继续充电 4. 拔掉充电器，灯具即不亮，则说明电池故障，更换电池
充电器指示灯不变颜色	说明充电器故障，更换充电器。

6. 日常维护和保养

（1）定期要对外壳及充电口进行清理，确保能正常充电。

（2）长期不用时，每3个月要对灯具进行充电一次。

二、手提式防爆探照灯

1. 功能及应用

适用于故障排查、事故抢修、应急环境下远距离搜救等各种室内外现场照明。

灯具采用3×3W的LED光源，平均寿命大于100000h，强光工作时间7h，工作光工作时间13h，自带充电锂离子电池，在各种易燃易爆场所使用，防护等级IP65，如图6–16所示。

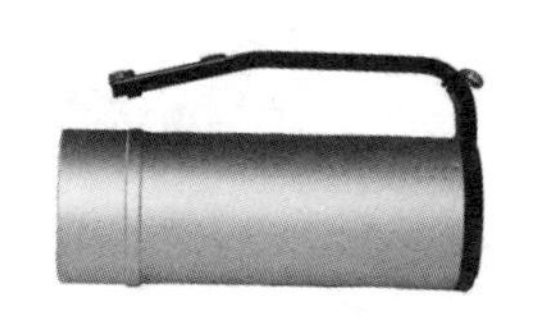

图6–16　手提式防爆探照灯

2. 一般结构

典型产品：海洋王RJW7102手提式防爆探照灯其外形如图6–17所示。

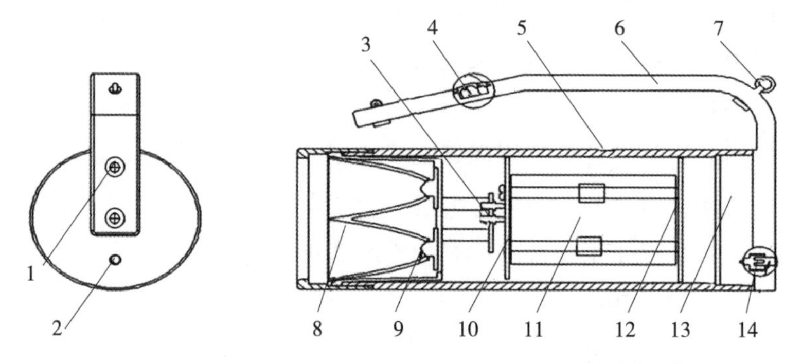

图6–17　典型产品：海洋王RJW7102手提式防爆探照灯

1–螺钉；2–充电口；3–连接线路板1；4–开关；5–灯筒；6–提手；7–背带接头；8–前盖组件；9-LED光源；10–连接线路板2；11–电池组件；12–恒流线路板；13–后盖组件；14–充电口

3. 操作步骤

（1）按动灯具开关。

（2）根据现场实际情况调整灯具的工作光和强光。

（3）根据工作需求调整灯具照射角度。

（4）使用完毕后按动灯具开关关闭。

4. 注意事项

（1）使用前先确定灯具外观完好，手柄紧固。

（2）每次使用后要及时充电，务必不要空电放置。

（3）灯具充电要使用与灯具配套的充电器进行充电。

5. 常见问题及处理

常见问题及处理见表6-7。

表6-7 常见问题及处理

不良现象	解决对策
灯具不亮	1. 插上充电器对灯具进行充电，打开开关看灯具是否能亮 2. 如能亮，说明光源没有问题 3. 充电10min，拔掉充电器，灯具能持续亮，则说明电池没电，即继续充电 4. 拔掉充电器，灯具即不亮，则说明电池故障，更换电池
充电器指示灯不变颜色	说明充电器故障，更换充电器

6. 日常维护和保养

（1）定期要对外壳及充电口进行清理，确保能正常充电。

（2）长期不用时，每3个月要对灯具进行充电一次。

三、LED轻便式多功能灯

1. 功能及应用

适用于故障排查、事故抢修、货物装卸，应急环境下远距离搜救等各种室内外现场照明。灯具采用12W的LED光源，平均寿命大于100000h，强光工作时间10h，工作光工作时间24h，弱光工作时间80h，自带充电锂离子电池，有快充模式，可在各种易燃易爆场所使用，防护等级IP66，如图6-18所示。

图6-18 LED轻便式多功能灯

2. 一般结构

典型产品：海洋王JIW5282轻便式多功能强光灯，其外形如图6-19所示。

典型产品：海洋王FW6330 LED轻便式工作灯，其外形如图6-20所示。

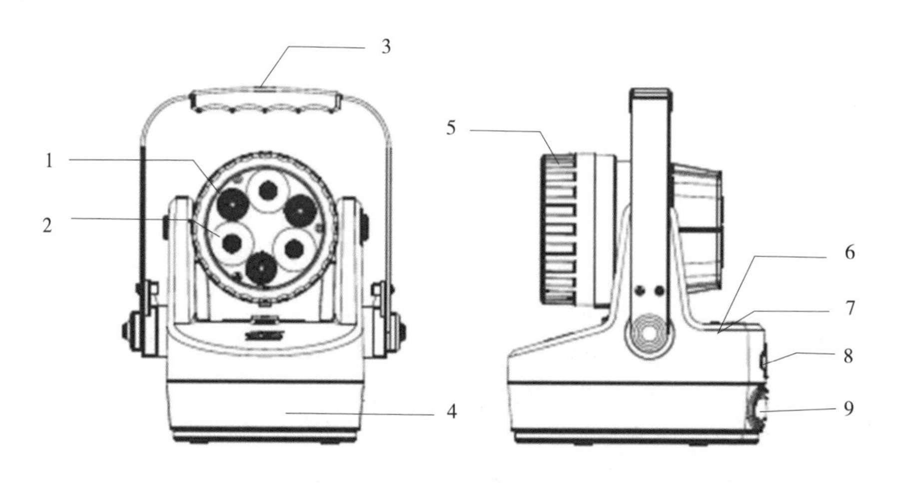

图6-19　典型产品：海洋王JIW5282轻便式多功能强光灯

1-泛光光源；2-聚光光源；3-提手；4-高能无记忆电池；5-灯头；6-开关；7-电量显示；8-充电口；9信号灯

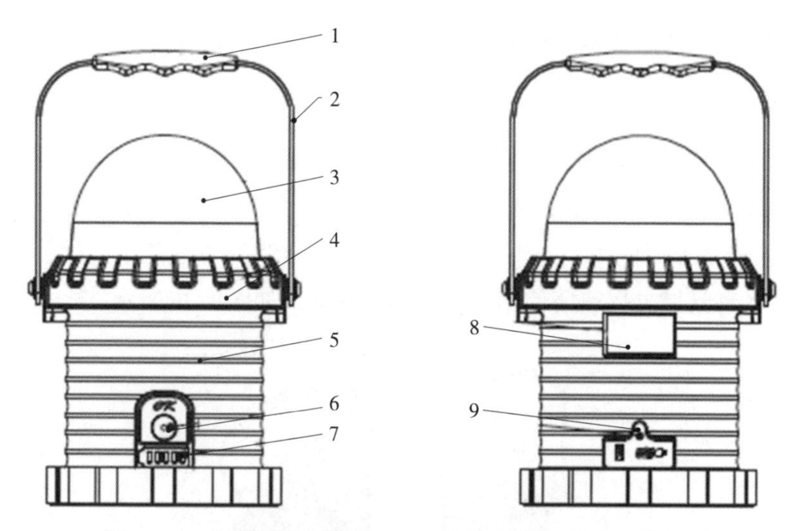

图6-20　典型产品：海洋王FW6330 LED轻便式工作灯

1-提手护套；2-提手支架；3-透明件；4-散热壳体；5-外壳；6-开关按钮；7-电量显示；8-铭牌；9-充电/USB接口

3. 操作步骤

（1）按动灯具开关。

（2）根据现场实际情况调整灯具的工作光和强光。

（3）根据工作需求调整灯具照射角度。

（4）使用完毕后按动灯具开关关闭。

4. 注意事项

（1）使用前先确定灯具外观完好，手柄紧固。

（2）每次使用后要及时充电，务必不要空电放置。

（3）灯具充电要使用与灯具配套的充电器进行充电。

5. 常见问题及处理

常见问题及处理见表6–8。

表6–8 常见问题及处理

不良现象	解决对策
灯具不亮	1. 插上充电器对灯具进行充电，打开开关看灯具是否能亮 2. 如能亮，说明光源没有问题 3. 充电10min，拔掉充电器，灯具能持续亮，则说明电池没电，即继续充电 4. 拔掉充电器，灯具即不亮，则说明电池故障，更换电池
充电器指示灯不变颜色	说明充电器故障，更换充电器

6. 日常维护和保养

（1）定期要对外壳及充电口进行清理，确保能正常充电。

（2）长期不用时，每3~6个月要对灯具进行充电一次。

四、巡检电筒

1. 功能及应用

适用于各种急难救助、定点搜索、紧急事故处理，故障排查等各种室内外现场照明。

电筒采用LED光源，平均寿命大于100000h，强光工作时间9h，工作光工作时间19h，自带充电锂离子电池，防护等级IP66，如图6–21所示。

图6–21 巡检电筒

2. 一般结构

巡检电筒结构如图6-22所示。

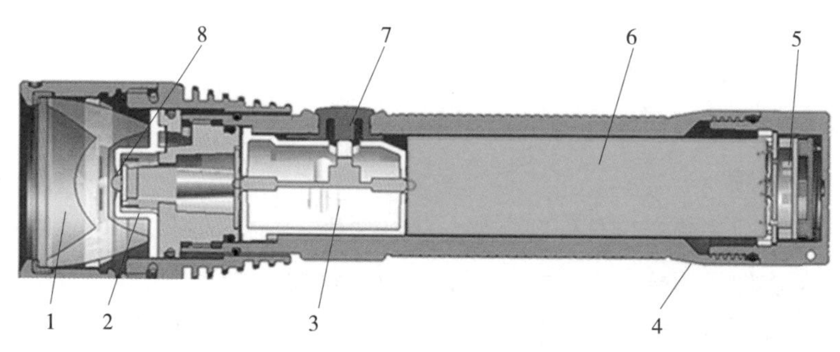

图6-22　一般结构图

1-灯头组件；2-光源模块组件；3-LED驱动及电量显示组件；4-灯筒；5-尾盖组件；6-电池组件；7-开关按钮；8-LED盖板

3. 操作步骤

（1）按动灯具开关。

（2）根据现场实际情况调整灯具的工作光和强光。

（3）根据工作需求调整灯具照射角度。

（4）使用完毕后按动灯具开关关闭。

4. 注意事项

（1）使用前先确定灯具外观完好，手柄紧固。

（2）每次使用后要及时充电，务必不要空电放置。

（3）灯具充电要使用与灯具配套的充电器进行充电。

5. 常见问题及处理

常见问题及处理见表6-9。

表6-9　常见问题及处理

不良现象	解决对策
灯具不亮	1. 插上充电器对灯具进行充电，打开开关看灯具是否能亮 2. 如能亮，说明光源没有问题 3. 充电10min，拔掉充电器，灯具能持续亮，则说明电池没电，即继续充电 4. 拔掉充电器，灯具即不亮，则说明电池故障，更换电池
充电器指示灯不变颜色	说明充电器故障，更换充电器

6. 日常维护和保养

（1）定期要对外壳及充电口进行清理，确保能正常充电。

（2）长期不用时，每3~6个月要对灯具进行充电一次 。

五、便携式微型防爆头灯

1. 功能及应用

适用于单人夜间工作头上佩戴照明，可帽戴、头戴、帽配。

灯具采用3W的LED光源，平均寿命大于100000h，强光工作时间8h，工作光工作时间16h，灯头可聚/泛光调节，也可水平30°调节照射角度，自带充电锂离子电池，可在各种易燃易爆场所使用，防护等级IP65，如图6–23所示。

图6–23 便携式微型防爆头灯

2. 一般结构

便携式微型防爆头灯外形结构如图6–24所示。

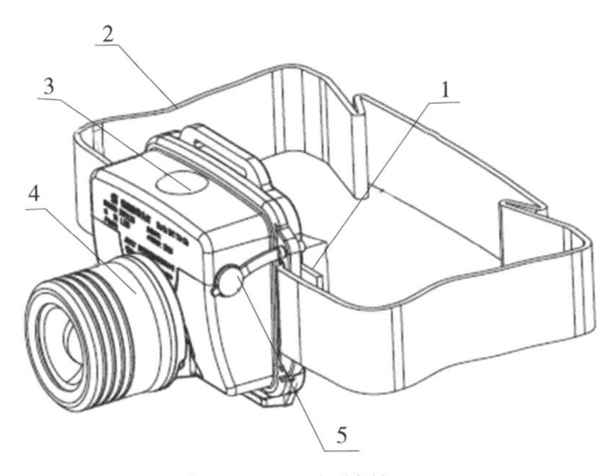

图6–24 一般结构

1–缓冲垫；2–头带；3–按钮；4–伸缩灯头；5–充电口

3. 操作步骤

（1）将灯具安装到安全帽上。

（2）按动灯具开关。

（3）根据现场实际情况调整灯具的工作光和强光。

（4）根据工作需求调整灯具照射角度。

（5）使用完毕后按动灯具开关关闭。

4. 注意事项

（1）使用前先确定灯具外观完好，头带紧固。

（2）每次使用后要及时充电，务必不要空电放置。

（3）灯具充电要使用与灯具配套的充电器进行充电。

5. 常见问题及处理

常见问题及处理见表6-10。

表6-10 常见问题及处理

不良现象	解决对策
灯具不亮	1. 插上充电器对灯具进行充电，打开开关看灯具是否能亮 2. 如能亮，说明光源没有问题 3. 充电10min，拔掉充电器，灯具能持续亮，则说明电池没电，即继续充电 4. 拔掉充电器，灯具即不亮，则说明电池故障，更换电池
充电器指示灯不变颜色	说明充电器故障，更换充电器

6. 日常维护和保养

（1）定期要对外壳及充电口进行清理，确保能正常充电。

（2）长期不用时，每3个月要对灯具进行充电一次。

六、方位灯

1. 功能及应用

可作为户外应急、施工等特殊危险场所及工作现场移动或固定信号指示、警示标志和定位显示灯。

灯具采用LED光源，平均寿命大于100000h，最大可视距离1500m，连续放电时间大于或等于15h，自带充电锂离子电池，有红色、黄色、绿色选配，可手持、磁力吸附、扣挂、插挂、螺钉等方式固定，防护等级IP65，如图6-25所示。

2. 一般结构

方位灯一般结构如图6–26所示。

图 6–25　方位灯

图 6–26　一般结构

1–LED 光源；2– 磁力吸附底座；3– 充电孔；
4– 开关按钮；5– 防坠绳

3. 操作步骤

（1）将灯具放置（确保灯具稳固）所需照明的工作区域。

（2）按动灯具开关。

（3）根据现场实际情况调整灯具的工作光和强光。

（4）根据工作需求调整灯具照射角度。

（5）使用完毕后按动灯具开关关闭。

4. 注意事项

（1）使用前先确定灯具外观完好，手柄紧固。

（2）每次使用后要及时充电，务必不要空电放置。

（3）灯具充电要使用与灯具配套的充电器进行充电。

5. 常见问题及处理

常见问题及处理见表6–11。

表6–11　常见问题及处理

不良现象	解决对策
灯具不亮	1. 插上充电器对灯具进行充电，打开开关看灯具是否能亮 2. 如能亮，说明光源没有问题 3. 充电 10min，拔掉充电器，灯具能持续亮，则说明电池没电，即继续充电 4. 拔掉充电器，灯具即不亮，则说明电池故障，更换电池
充电器指示灯不变颜色	说明充电器故障，更换充电器

6. 日常维护和保养

（1）定期要对外壳及充电口进行清理，确保能正常充电。

（2）长期不用时，每3个月要对灯具进行充电一次。

第七章　搜救与破拆类

搜救与破拆类设备主要应用于发生重大自然灾害如地震、泥石流、洪水等状况下的突击救援，雷达生命探测仪、音视频生命探测仪主要应用于生命的搜索；电动破碎镐、电动液压剪主要应用于救助被困者；汽油油锯、高位树枝修枝锯主要运用清障。本章介绍以上六种常见的搜救与破拆工具的相关常识。

第一节　雷达生命探测仪

一、功能及应用

雷达生命探测仪是一款综合了微功率超宽带雷达技术与生物医学工程技术研制而成的高科技救生设备。本产品工作原理是基于人体呼吸心跳、身体晃动、肢体摆动等微弱运动在雷达回波上产生的时域多普勒效应，来分析判断废墟内有无生命体存在以及生命体的具体位置信息。它充分利用纳秒级电磁脉冲的频谱宽、穿透性强、分辨率高、抗干扰性好、功耗低等特性，克服了音频、光学、红外等生命探测仪存在的技术缺陷，尤其在灾害现场的强噪声背景下，可以帮助救援人员更为便捷、快速、有效地判断幸存者的有无和位置，大大降低救援工作的盲目性和工作量，提高救援效率，对于最大限度的挽救人民生命安全发挥了重要作用。

二、一般结构

雷达生命探测仪主机结构如图7–1所示，详细参数见表7–1。

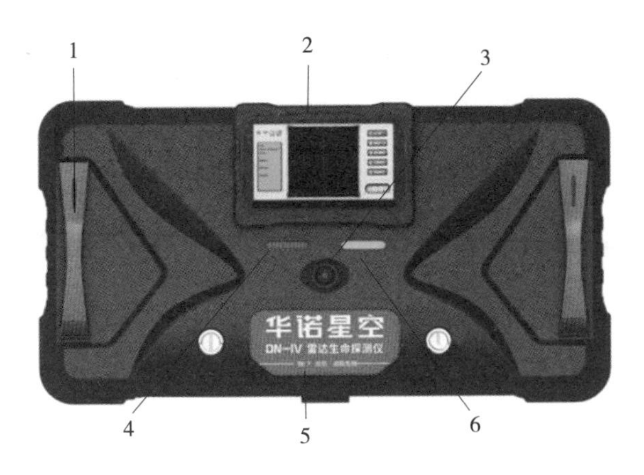

图 7-1 主机结构图

1- 人机把手；2- 手持终端；3- 开关按钮；4- 电源指示灯；

5- 电池仓；6- 运行指示灯

表 7-1 详细参数

参数		规格
雷达体制		超宽带 MIMO 脉冲体制雷达
天线类型		增强型介质耦合超宽带天线
中心频率		400MHz
隔墙探距离	墙体厚度	50cm
	探测距离	静止生命体大于或等于 20m 运动生命体大于或等于 25m
探测精度		距离向探测精度小于或等于 0.3m 方位向探测精度小于或等于 0.5m
穿透材质		混凝土、土壤、岩石、木材等非金属、低含水量物体
探测张角		±60°
探测模式选择功能		具备运动 / 静止、分段扫描、灵敏度、二维模式定位和三维模式、轨迹显示选择功能
遥控距离		空旷环境下遥控距离 >100m

续表

参数		规格	
防护等级		IP65	
外观尺寸及重量	部件	雷达主机	手持终端
	尺寸	640mm × 330mm × 160mm	228mm × 147mm × 16.5mm
	重量	小于或等于5.8kg	660g
	持续工作时间	大于8h	大于8h
	电池类型	可充电式氢氧化锂电池	可充电式聚合物锂离子电池
操作系统		全中文操作系统	
专业软件		穿墙雷达系统软件 DN- Ⅳ	

三、操作步骤

1. 充电

（1）手持终端充电。请使用原装充电器为手持终端充电，将充电插头插入手持终端的充电端口，然后将充电器插入插座。充电时间一般为4~5h。在充电过程中手持终端右下角的工具栏中，显示电池电量。当电池电量显示为满格时，手持终端充电完成，如图7–2所示。

图 7–2　手持终端充电示意

（2）锂电池充电。将主机电池插入充电器的插槽中，注意要对齐，充电时间一般为4~4.5h。在充电过程中，电池电量指示端会不停地闪烁蓝灯，充满时则灯熄。点击电池电量显示端按键，可以查看电池电量（三格闪烁蓝灯表示电量90%以上，二格闪烁蓝灯表示电量60%左右，一格闪烁蓝灯表示电量不足30%需充电）。充电完成后注意及时将电池取下。

充电器在上电后亮绿灯，则显示充电器运行正常；充电器绿灯、红灯同时亮时，则显示电池正在充电；当充电器绿、蓝灯常亮时则显示电池已经充满，如图7-3所示。

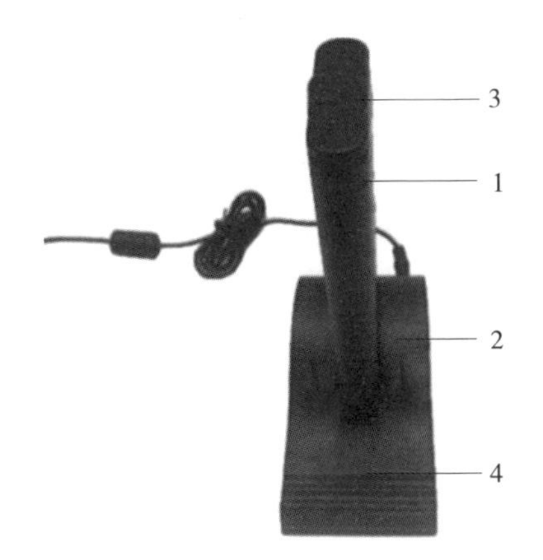

图7-3　充电示意

1-电池；2-电池充电器；3-电池电量显示端；
4-充电器运行指示灯（左→右：绿、红、蓝）

使用前应确保此设备正常工作：主机电池和手持终端电池电量充足；主机和手持终端的WiFi硬件上已经开启；主机位置摆放正确；使用标配的电池充电器，以防电池损坏。

2. 开机

电池安装：将充满电的电池按方向插入到雷达生命探测仪的电池盒中，并拧紧电池盒盖。

打开雷达主机，按下电源按钮，红色的电源指示灯亮，雷达主机自检完毕后绿色指示灯亮，系统准备就绪。

取出手持终端，长按电源键2s进行开机操作。

3. WiFi 连接

将手持终端开机后，点击桌面上的“DN-IV”程序图标，进入系统主界面，如图7-4所示。在进行探测操作之前，软件会自动检测手持终端与雷达主机之间是否建立了通信连接。当软件界面右下角的按钮切换为启动扫描，表示WiFi连接已经完成。默认情况下手持终端会自动连接雷达主机。

当通信连接不成功时，请查看WiFi是否正常连接，单击“设置”按钮进入WLAN设置界面，如图7–5所示点击搜索雷达主机WiFi热点并连接，WiFi热点名称为雷达主机编号，密码为novaskydniv，输入完成后界面显示已连接，表示WiFi连接已经完成，单击“返回”按钮，退出WLAN设置界面。

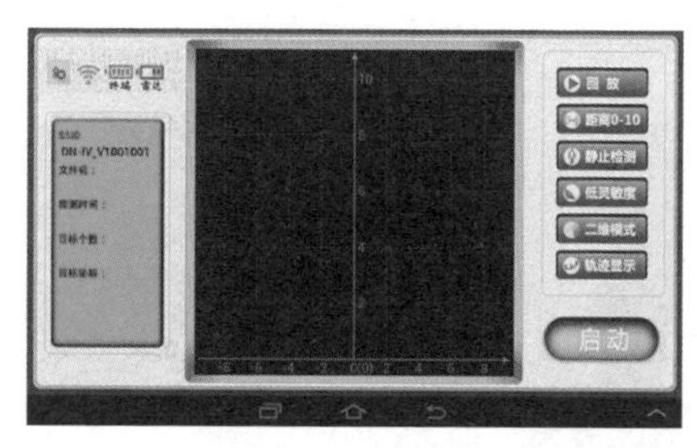

图7–4　系统主界面

图7–5　WLAN设置界面

4. 目标探测

目标探测界面主要是控制雷达主机的运行和停止，接收并显示雷达主机发送的目标信息进行显示。

（1）参数设置。在进行目标探测之前，根据实际探测要求和环境设置参数，能够提高探测精准度。

1）探测距离。0~10、0~20、10~30m，默认选项0~10m。调整探测距离能够消除超过探测距离范围的干扰，提高探测精准度和响应速度。

2）灵敏度。低、中、高，默认为低。灵敏度越高，目标出现的概率越大。

3）显示模式。二维模式和三维模式。

4）目标轨迹。开启目标轨迹显示，会将运动目标和静止目标出现的位置分别用绿色和红色圆圈显示出来，方便判断目标的运行方向，默认不显示目标轨迹。

（2）目标显示模式。包括二维模式和三维模式，如图7–6所示。

1）二维模式。二维显示模式只包含目标在雷达扫描面的XY轴信息。X轴的探测范围为±8m，Y轴的探测范围0~30m。其中，运动目标使用绿色圆圈表示，静止目标使用红色圆圈表示。

2）三维模式。三维显示模式包含目标在雷达扫描面的XYZ轴信息。X轴的探测范围为±8m，Y轴为0~30m，Z轴取正方向值。其中，运动目标使用绿色人形图标表示，静止目标使用红色人形图标表示，如图7–7所示。

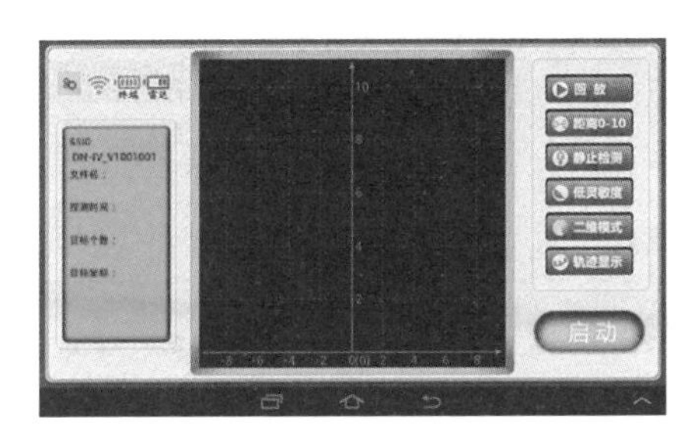

图 7-6　目标显示模式

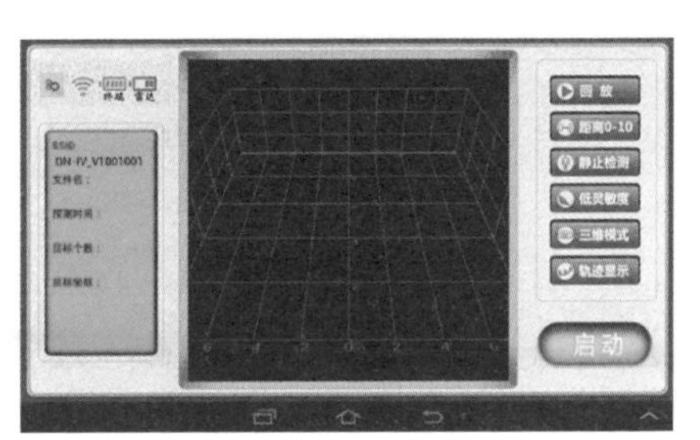

图 7-7　三维模式

5. 目标回放

在主界面单击“回放”按钮，进入目标回放界面。目标回放界面的显示模式和目标轨迹模式由主界面控制。目标回放界面右侧显示文件列表，包括文件名、文件大小和创建时间信息。可以根据文件、文件大小和创建时间对文件列表进行排序，如图7-8所示。

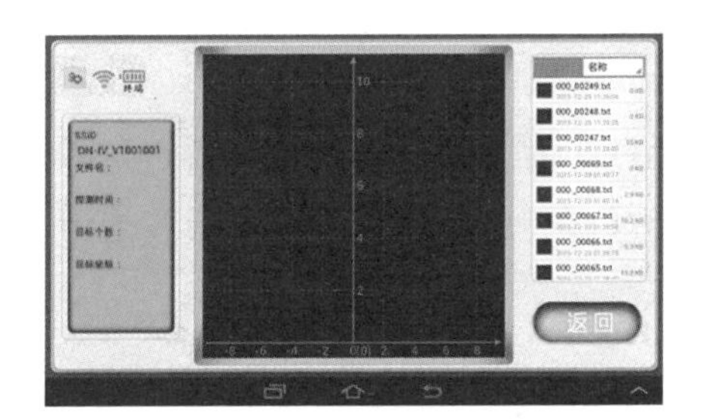

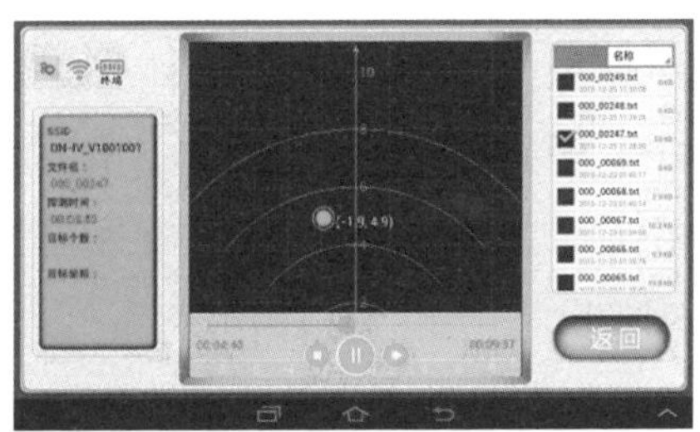

图 7-8　目标回放

单击文件列表中的某个文件，开始回放。若某个文件大小为空，会显示“文件为空”提示框，用户可以选择其他文件进行回放操作。

单击目标显示区域任意位置显示回放控制面板。回放控制面板主要包括回放进度条，回放时间，文件总时长和控制按钮等组成。其中控制按钮包括：开始/暂停、停止和下一个文件。若回放控制面板超过3s未进行操作，将自动消失。

6. 设置

在主界面左上角单击“设置”图标，进入设置界面。设置界面主要包括：删除文件、显示、连接、帮助和关于等功能。

7. 删除文件

删除文件功能主要用于维护软件在运行过程中保存的目标探测文件，如图7-9所示。

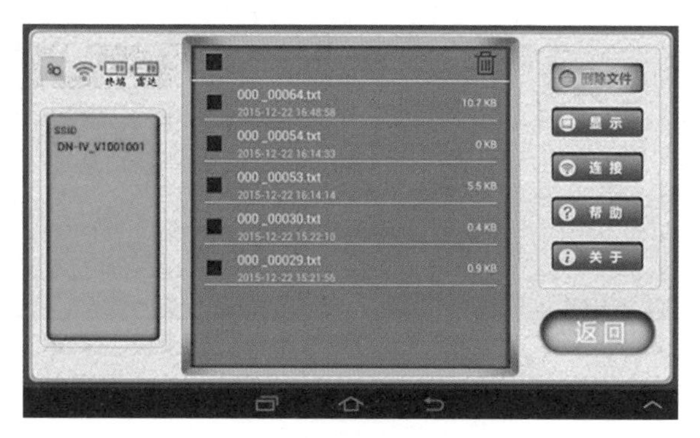

图 7-9　删除文件

8. 显示

显示功能主要用于管理软件界面的显示，包括屏幕亮度和电池电量百分比显示的管理。

（1）屏幕亮度。根据使用环境中光线的限制，可以通过调整屏幕亮度来保护用户眼睛。并有利于节省电池电量。

（2）显示电池电量百分比。电池电量包括雷达电池电量和手持终端电池电量，在界面左上角显示。选中显示电池电量百分比的复选框，可以查看电池的准确剩余电量，如图 7-10 所示。

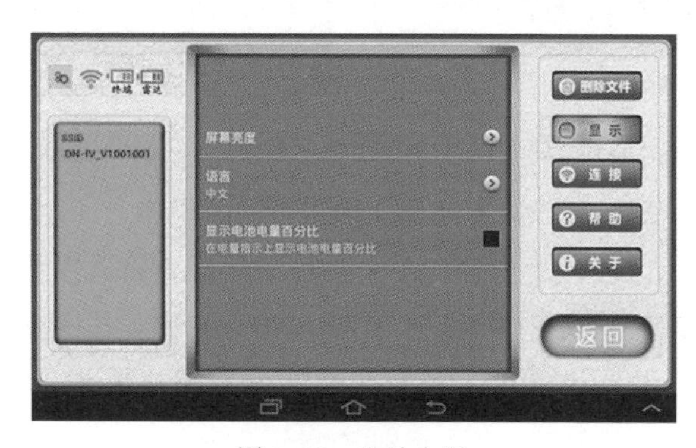

图 7-10　电池电量

9. 连接

连接功能主要用于管理手持终端软件与雷达主机通信连接功能。

（1）IP 地址。雷达主机与手持终端的网络通信 IP 地址。

（2）端口号。雷达主机与手持终端的网络通信的端口号。

（3）SSID。雷达主机的 WiFi 名。

（4）密码。雷达主机的 WiFi 密码，单击参数可以进行修改，修改后将重新建立网络连接，如图7-11所示。

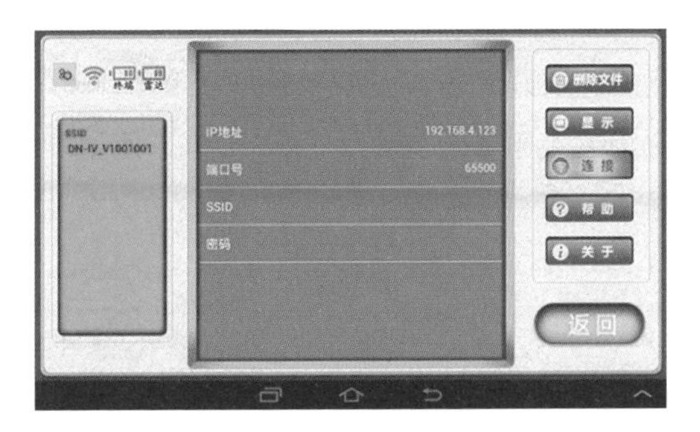

图7-11 网络端口

10. 帮助

帮助界面实现手持终端的使用方法和注意事项，如图7-12所示。

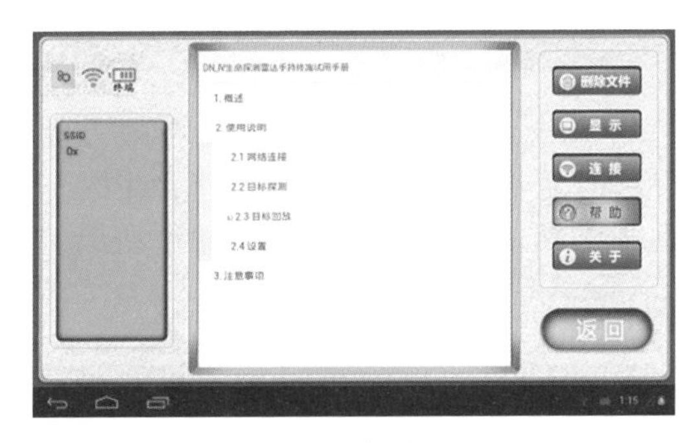

图7-12 帮助界面

11. 关于

关于界面主要显示：软件版本号、硬件版本号、雷达服务端版本号、系统平台版本号、公司信息、注册信息等内容，如图7-13所示。点击注册信息后，可以弹出注册对话框，输入注册码。

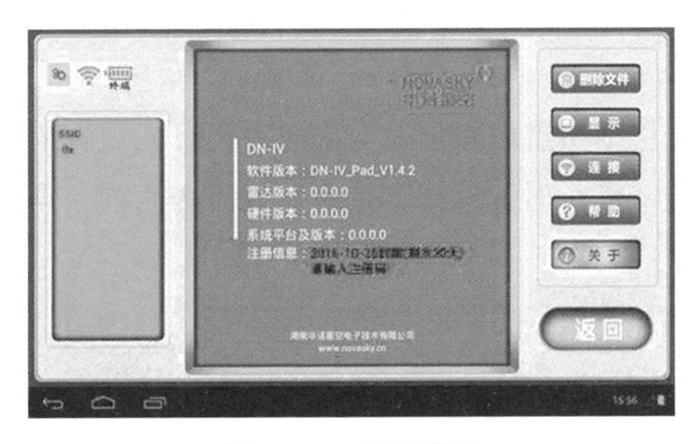

图7-13 关于界面

12. 软件注册

APP安装后，您可以免费使用3年，之后，必须输入注册码，才能继续使用。每输入一次正确的注册码，可以延长使用时间2年。

（1）注册功能位于“关于”界面上，显示APP可使用的时间。点击该文字，可以弹出注册对话框，如图7–14所示。

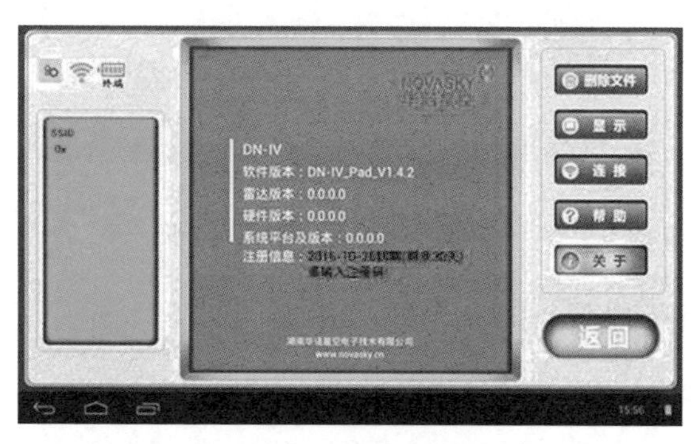

图 7–14　软件注册

（2）系统 ID。在注册对话框界面，可以看到系统ID。

（3）注册。在注册对话框界面，输入正确的注册码，可以延长使用时间2年，如图7–15所示。

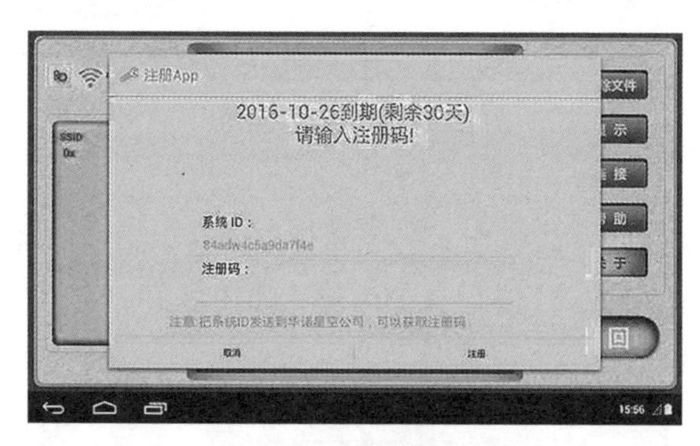

图 7–15　注册

1）使用时应严格按照操作使用规定步骤进行。

2）为保证系统能够长时间运行，每次运行设备之前，须为电池和手持终端充满电。

3）为避免影响探测效果，须在探测现场进行小范围清场。由于本仪器探测灵敏度较高，现场工作人员的活动可能会影响探测效果。因而，应尽量减少雷达周围的人员数量，最好只留1~2名操作者，同时尽量避免走动、晃动等，以免对雷达产生干扰，降低本仪器探测性能，造成不必要的错误判断。

4）电磁波不能穿透金属障碍物进行探测，请勿直接对大面积金属障碍物进行探测。由于水具有导体特性，所以在雨天时，探测范围有一定程度的衰减为正常现象。若探测结果显示目标区域有生命体，应再观察所给出的目标体的距离信息，若距离变化幅度较大，则可能是目标体本身在走动，也有可能是附近存在较强干扰源，请排除干扰源后再次探测。若给出的距离信息较为稳定，则探测区域存在生命体的可能性较大。在隐藏探测过程中，当发现有呼吸信号时，应对目标区域进行多次探测，以提高检测的可靠性。

5）常见故障排除见表7–2。

表7–2 常见故障排除

不良现象	解决对策
雷达主机无法开启，指示灯不亮	1. 检查电池是否还有电量。在电池底端靠近拉手片的地方有一个电量显示窗口，当只有一格时，电量不足可能引起系统工作失常，请及时充电 2. 检查雷达主机电池是否已插稳，电池接触不良会使设备无法正常开机
雷达主机开启后，“电源”指示灯亮，“通信”指示灯不亮	1. 系统可能正处于启动过程中，请耐心等待，启动过程30s左右 2. 若“通信”灯长时间不亮，可使用手持终端尝试连接。若连接成功，“运行”指示灯闪烁一次，则表示“通信”指示灯损坏，但此时系统仍能正常使用
雷达主机正常启动，手持终端与雷达主机连接不上	1. 检查手持终端中的WiFi是否开启。点击“应用程序” - “设定”图标，进入系统设置界面。 点击WiFi，进入WiFi设置界面，选择待连接的WiFi名进行连接 2. 检查手持终端WiFi名是否设置成功。单击待连接的WiFi名，查看其网络密钥是否设置 3. 检查手持终端WiFi名与雷达主机是否匹配。 排除以上问题后，可尝试退出软件，重启WiFi后，再进行连接操作。
雷达主机探测不到目标	1. 雷达主机是否摆放在木质或是塑料平台上。 2. 雷达主机底面（天线端面）是否指向待测区域。 3. 雷达探测参数是否设置正确。 4. 操作人员、无关人员与雷达主机距离是否大于5m

6）保养与维护。生命探测仪是一款高精密、高科技含量的探测设备，须注意保养，以避免设备因人为操作不当而产生故障。①长期存放时应定期对雷达做开机检查，检查内容包括系统是否工作正常，电池电量是否充足，电量不足时须及时充电；②保持雷达干净清洁。清洁时，请使用干净的（或蘸有温和肥皂水的）抹布轻轻擦拭；③不要长时间在高温环境下使用雷达，这样会影响其使用寿命。

在保养雷达前，以下步骤是必须的。

步骤一：关闭电源并去除外接电源线。

步骤二：用小吸尘器将连接口、按键缝隙等部位的灰尘吸除。

步骤三：用干布略微沾湿，再轻轻擦拭各部件。

运输时，应将雷达装箱并锁紧箱扣；要轻拿轻放，不要摔、敲或震动雷达；较长时间不使用雷达时，应将雷达装箱存放；雷达存放地应保持通风、清洁和无尘。

第二节　音视频生命探测仪

一、功能及应用

音视频生命探测仪可以轻松进入狭小空间，将被埋在瓦砾等障碍物底下的伤员情况通过音频和视频实时传输给救援队，为救援行动赢得宝贵的时间。它由监视器、探杆、白色LED补光彩色低亮度摄像头、音频探头、井下用或水中用缆线、耳机、电池（一用一备）、充电器、变压器、遮光罩、车载电源线、肩带、手提箱组成。使用者可以根据需要将监视器固定在胸前或者固定在腰带上。

采用先进的CCD数字高清晰视频探头和高灵敏音频采集探头，5.6″带DVR功能高分辨率的液晶彩色显示器，显示方向可调180°，配备长、短探杆和数据传输缆线，进一步满足了狭窄空间救援的需要，配有20m的电缆。独特音视频探头可实现救援双方的通话，极大限度地增强了救援人员的搜救能力。防水设计，可在水中使用。视频探头具备补显示器固定在胸前，解放双手。

1. 一般结构

探测仪结构如图7-16所示。

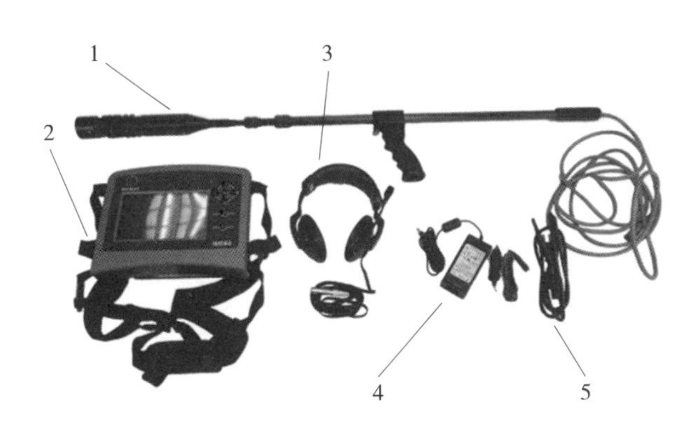

图7-16 探测仪结构

1- 视频探头；2- 液晶彩色显示器（主机）；3- 耳机；4- 充电器；5- 传输线

2. 操作步骤

（1）首先将音频探头安装到探杆的接口处，再将视频探头安装到音频探头上，注意音视频探头的卡口需要与软管探杆接口相吻合，如图7-17所示。

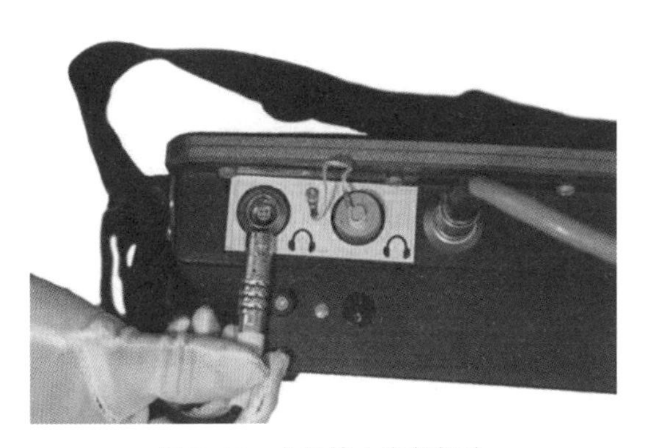

图7-17 主机接入音频探头

（2）使用接口上的连接螺母将探杆和探头固定紧。注意在将探头接到探杆的过程中，切勿转动探头，只需旋转螺母即可将探头固定。

（3）在搜索到被困人员后，可使用音频探头与被困人员讲话。

（4）遇到深井救援时，可以使用20m线缆，接上视频探头后，竖到井下搜索，摄像头可以手动旋转。

（5）将探杆末端的缆线直接插到监视器上的CAMERA插孔上。

（6）打开监视器主机和监视器的开关，检查工作是否正常。

（7）安装摄像头。

1）将摄像头上的标识与探杆上的标识对上后插进探杆。

2）旋转摄像头尾部的螺帽，把探杆和摄像头连接在一起。

3）顺时针转动旋钮，一直到两者固定在一起。

（8）安装摄像头电缆。

1）把探杆或者电缆连接头上的箭头和主机的箭头对齐。

2）直接推，直到两者连接在一起。

3）拆掉电缆时，直接拔出即可，不用旋转。

（9）主机操作。

1）按下主机上的开关按钮。

2）转动CAM LED按钮，以便调整摄像头到合适的亮度。

3）直流电输入接口。

4）A/V图像输出接口。

5）探杆或电缆的视频输入连接器接口。

（10）监视器和LCD调节。

1）监视器和LCD控制开关。OFF关掉监视器；ON打开监视器，正常方向；打开监视器，图像旋转180°。

2）图像质量调节旋钮。亮度（范围为0~63）；对比度（范围为0~63）；颜色（范围为0~63）；色彩（范围为0~31）。

（11）调光（屏幕背光）和清晰度可以按照如下方法调整。

1）当监视器电源开关处于关闭位置时，完全打开亮度和对比度控制（顺时针），将颜色和色彩控制完全关闭（逆时针）。

2）使监视器电源开关处于打开位置。

3）将亮度和对比度控制调整到它们的中间位置，屏幕图形显示的值为7。

4）颜色控制可控制显示清晰度。调整颜色控制到其中间位置，屏幕图形显示的值为7。

5）色彩控制可控制调光（屏幕背光）。调光的出厂默认设置为全亮度。对于隐秘操作，可能需要较低的调光设置，以避免监视器发出过亮的光线。

6）当屏幕图形显示消失时，关闭监视器开关，设置将被保存。

7）将亮度和对比度控制恢复到以前的设置（不是完全顺时针）。

（12）主机底座上部功能按钮如图7–18所示。

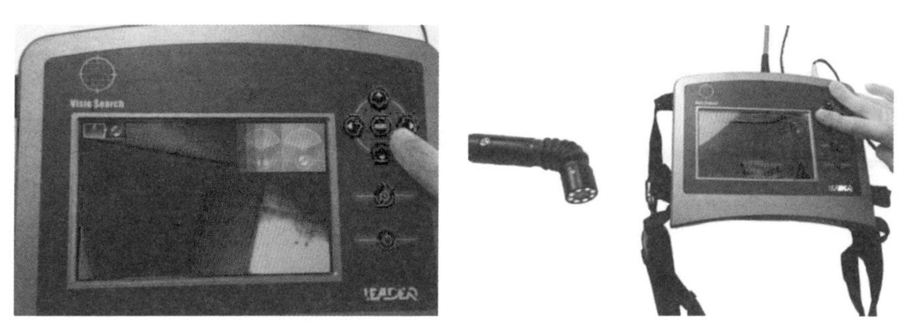

图7–18 主机控制摄像头

（13）耳机连线。耳机连线插头有锁定功能，不能直接拔线。正确操作方法是手捏插头，轻轻往后拔出。

（14）音频探头操作。

1）把摄像头从探杆或者电缆上拆下。

2）用装摄像头的方法把音频探头装在探杆或者电缆上。不能拧音频探头，只能拧音频探头尾部的螺帽将其固定在探杆或者缆线上。

3）把摄像头连接在音频探头上。

4）把耳机连接在主机上的音视频接口上。接口在主机的左边。

5）耳机上有固定带，可以把耳机固定在任何头盔上。调节嘴前部的麦克风。

6）耳机上有音量调节按钮。

7）当说话的时候，按住小黑盒上的按钮就可激活对讲模块。

二、注意事项

（1）禁止观察人体或其他动物的内部器官。

（2）禁止接触可燃气体或液体，以避免引起火灾。

（3）外部有防水外罩，可以在雨雪天气下使用，禁止将外罩私自拆除。

（4）如果出现故障，禁止私自打开机器检查。

（5）不要拧摄像头本身。接口必须拧紧，以便防水。

（6）当主机和电缆连接头连在一起的时候，禁止旋转电缆连接头。

第三节　电动破碎镐

一、功能及应用

（1）适用范围。适用于大型救援、抢险救灾、施工作业，电动破碎镐以电能转换为机械能，实现切割、打孔、清障的目的。可在混凝土和砖石墙壁进行凿破工作、在混凝土和砖石上开坑槽、混凝土修补工作、拆除灰泥和瓷砖、在墙壁和地板管道进行凿破工作。

（2）功能特点。电动破碎镐以单相串励电动机为动力的双重绝缘手持式电动工具，它具有安全可靠、效率高、操作方便等特点，适用于如凿子、铲等对混凝土、砖石结构、沥青路面进行破碎、凿平、挖掘、开槽、切削等作业。

适合于广大范围的凿破应用；重量和凿破角度的完美配合，更舒适；归功于独立的润滑室而高度耐用及长寿命；可锁定的开关适用于连续操作，而且更加舒适；搭配 DRS-B 集尘系统使用，吸走高达 95% 的灰尘。

二、一般结构

电动破碎镐如图 7-19 所示。

图 7-19　电动破碎镐

1- 夹头；2- 功能选择开关；3- 控制开关；4- 控制开关锁；

5- 侧向握把；6- 后侧握把表面；7- 维修指示灯；8- 防盗指示灯（选配）；

9- 主动减震系统 AVR（仅 TE 500-AVR）

三、操作步骤

1. 检查防护装备

（1）穿戴好防护头盔、护目镜、防护服、防护手套、防护靴。

（2）必要时还需要带上耳罩。

2. 检查机器

（1）检查机器外观有无少零部件。

（2）检查电动破碎镐钻头是否有磨损。

（3）检查钻头与机器连接处是否有润滑油。

（4）检查每个部件的紧固件有无松动。

（5）检查电池电量是否充足。

3. 选择凿子型号

（1）尖凿。终极、多边形设计的 SDS Max（TE-Y）尖凿，适用于在混凝土及砖石中进行凿破，如图 7-20 所示。

图 7-20 尖凿

（2）平凿。TE-YP-FM 终极、多边形设计的 SDS Max（TE-Y）扁平凿，适用于在混凝土及砖石中进行控制凿破，如图 7-21 所示。

图 7-21 平凿

（3）宽平凿。终极、多边形设计的 TE-S 宽平凿，适用于在混凝土中进行表面凿破，如图 7-22 所示。

图 7-22 宽平凿

（4）扁平凿。终极、多边形设计的 TE-S 宽平凿，适用于在混凝土中进行表面凿破，如图 7-23 所示。

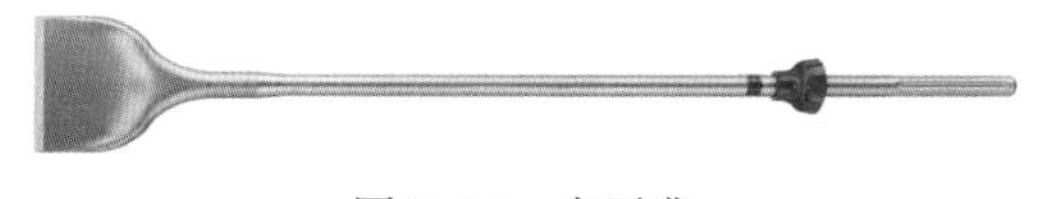

图 7-23 扁平凿

（5）打毛。SDS Max（TE-Y）套筒装卸工具适用于在混凝土中进行表面工作和层次消除，如图7-24所示。

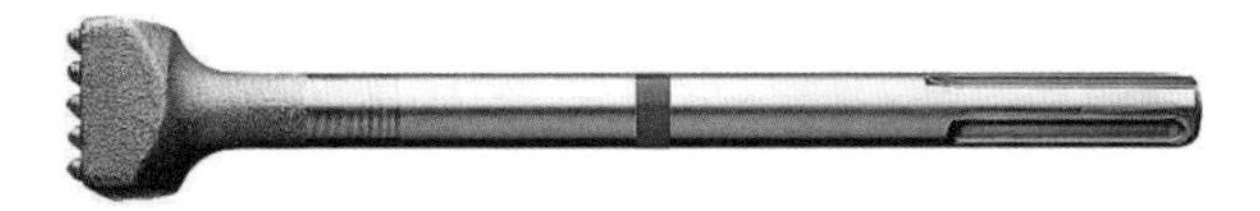

图7-24　打毛

4. 安装配件工具

（1）在配件工具的连接头添加少量的润滑剂。

（2）尽可能将配件工具推入夹具内，直到咬合为止，如图7-25所示。

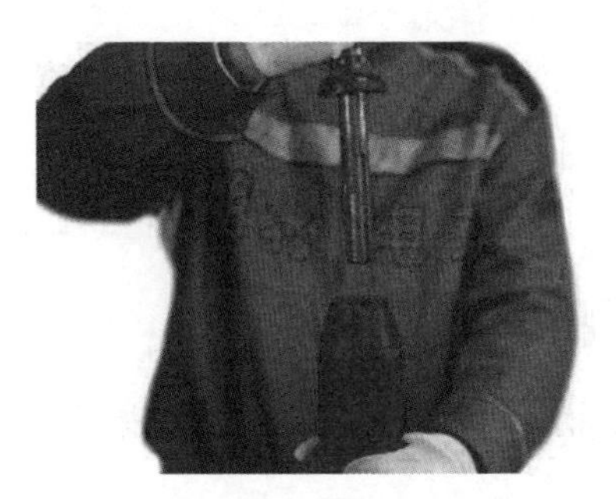

图7-25　安装配件连接头

5. 安装侧向握把

（1）将侧向握把夹紧带由前方绕过夹头，然后推入提供的凹槽中。

（2）将侧向握把转至需要的位置。要固定侧向握把，请旋转旋钮直到夹紧带锁紧，如图7-26所示。

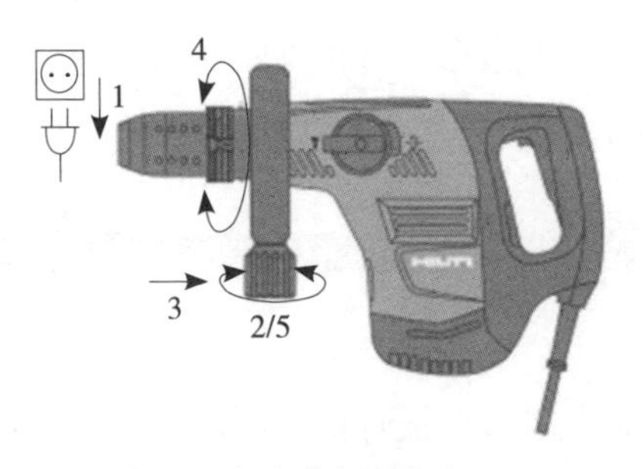

图7-26　安装侧向握把

6. 定位凿子

（1）在配件工具的连接头添加少量的润滑剂。

（2）尽可能将配件工具推入夹具内，直到咬合为止，如图7-27所示。

图 7-27　凿子定位

7. 凿孔

（1）将功能选择开关设定至“位置”。

（2）使用完毕后旋转开关关闭。

8. 卸下配件

不得将高温的配件工具放置在易燃物质上。机具使用后会变热，更换机具时须佩戴手套，如图7-28所示。

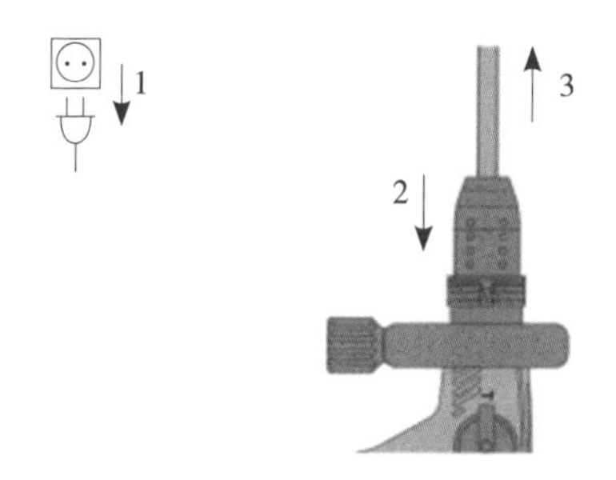

图 7-28　卸下配件

四、注意事项

1. 详阅所有的安全警示及说明

严格按说明书操作，否则可能会造成电击事故、火灾或严重的伤害。妥善保存所有警示及说明文件，以供将来参考。注意事项中所称的机具系指使用电源（有线）或电池（无线）的电动机具。

2. 工作区域安全

（1）须保持工作区的清洁与采光充足。

（2）杂乱而昏暗的工作区会导致意外发生。

（3）勿在容易发生爆炸的环境中使用机具，例如有可燃性液体、瓦斯或粉尘存在的环境。

（4）机具产生的火花可能会引燃尘埃或烟雾。

（5）操作机具时，请与儿童及旁人保持距离。

（6）注意力不集中时容易发生失控的情形。

3. 电力安全

机具插头与插座须能互相搭配。未经改装的插头以及能互相搭配的插座可减少发生电击的危险，故勿以任何方式改装插头。勿将任何变压器插头和与地面接触（接地）的电动机具搭配使用。避免让身体碰触到如管线、散热器、炉灶与冰箱等与土地或地表接触之物品，因为身体接触到地表或地面，将增加电击的危险。勿将电动工具暴露在下雨或潮湿的环境中，若水气进入机具中将增加触电的危险。勿滥用电缆线。勿以电缆线吊挂、拖拉机具或拔下机具插头。电缆线应避开热气、油、锐利的边缘或移动性零件。电缆线损坏或缠绕会增加发生电击事故的危险。于室外操作机具时，须使用适用于户外的延长线，使用适合户外使用的延长线可降低触电的风险。如果无法避免在潮湿的地点操作机具，请使用漏电断路器（RCD）保护电源供应器，使用漏电断路器（RCD）可降低电击的风险。

4. 人员安全

（1）感到疲劳或受到药物、酒精或治疗的影响时勿使用机具，因为操作机具时稍不留神就可能会造成严重的人员伤亡。

（2）佩戴个人防护装备。随时佩戴眼罩，适当使用防尘面罩、防滑鞋、安全帽及耳罩等安全防护设备，可减少人员的伤害。

（3）避免不经意的启动。在接上电源或电池组、抬起或携带机具之前，务必确认开关处于关闭的位置。

（4）携带机具时，如果把手指放在开关上，或在开关开启时，将机具插上插头容易发生意外。

（5）启动机具前，应将所有调整钥匙或扳手移开。将扳手或钥匙留在机具的旋转零件中可能会造成人员伤害。

（6）勿将手伸出过远。

（7）随时站稳并维持平衡，这可在意外情况发生时，对机具有较好的控制。

（8）穿着适当服装。请勿穿宽松的衣服或佩戴珠宝。头发、衣服与手套应远离移动性零件。因为移动性零件可能会夹到宽松的衣服、珠宝或长发。

（9）如果机具可连接吸尘装置与集尘设备，请连接并适当使用这些设备。使用集尘装置可降低与粉尘有关的危险。

5. 搬运电子机具时请勿安装配件

贮放电子机具或设备前请务必将电源线拔掉。请将工具与设备贮放在干燥且儿童或未授权的人员无法触及的地点。长时间搬运与贮放后请检查电子机具或设备是否有损坏。

五、常见问题及处理

常见问题及解决对策见表7–3。

表7–3 常见问题及解决对策

不良现象	解决对策
机具无法启动	1. 插入另一机具或电器的插头并检查是否可启动 2. 请将电源线或插头交给受过训练的专业人员检查，必要时予以更换 3. 连接第二个电力消耗装置（例如工作灯）至发电机上。由经过训练的专业人员检查机具和电源线 4. 关闭机具后再开启
无锤击动作	交付 Hilti 维修中心进行维修
机具无法启动且维修指示灯亮起红灯	将机具送交经过训练的专业人员检查，必要时更换碳刷
机具无法达到全功率	1. 使用有足够导体截面积的延长线 2. 按压控制开关直到可以运转为止
凿子无法从夹具上松开	将夹头拉回直到移除弹圈夹具为止

六、日常维护和保养

（1）仔细清除机具的灰尘。使用干燥的刷子小心清洁通风口。须使用微湿软布清洁外壳。勿使用含硅树脂的清洁剂或亮光剂，因为可能会造成塑胶零件损坏。

（2）损坏的电子零件会造成严重的人员伤害及灼伤。机具或设备电力部分的维修仅可交由训练过的专业人员处理。

（3）定期检查外部零件和控制元件有无损坏迹象，并确认它们运作正常。如果有损坏迹象或任何零件功能故障，请不要操作机具。请将受损产品立刻交付维修中心进行维修。清洁及保养后，重新装上所有防护套或保护装置并检查功能是否正常。

（4）定期使用干燥而清洁的布清洁夹头上的防尘套。请小心擦拭清洁其密封口，然后再使用润滑油润滑。须特别注意，若密封口受到损坏，一定要更换防尘套。

第四节　电动液压剪

一、功能及应用

电动液压剪是绝好的破拆救援工具产品之一，它采用最新的设计和机械加工、热处理及表面处理工艺，并选用高强度钢和航空高强度铝合金材质，强度高、力量大、体积小、重量轻，品质卓越。优化的力学设计，独特的刀具撑具，提供最大的剪切力，且经久耐用；新颖的按钮式开关和可靠的液压快速接头，是该产品更具人性化。适用于各场所的破拆救援。

LUKAS系列多功能剪扩钳和LUKAS系列剪切钳是专门设计针对公路，轨道，机场和建筑物等事故中对人员地救援。救援人员可通过使用剪切钳或剪扩钳对门、屋顶梁和百叶窗等障碍物进行剪切救援，也可使用扩张器对门或者其他障碍物进行扩张救援。

二、一般结构

电动液压钳结构如图7-29所示。电动液压剪如图7-30所示。

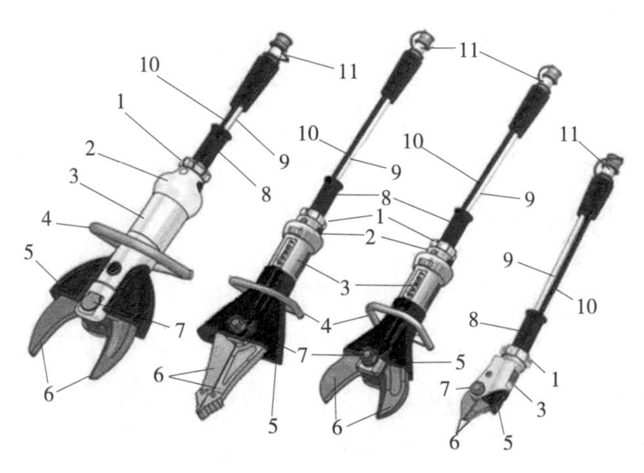

图7-29　电动液压钳结构

1-星状手控阀；2-控制阀；3-器材外壳；4-提手处；5-保护壳；6-刀片；7-刀片固定螺丝；8-把手处；9-压力管；10-回油管；11-快速接头

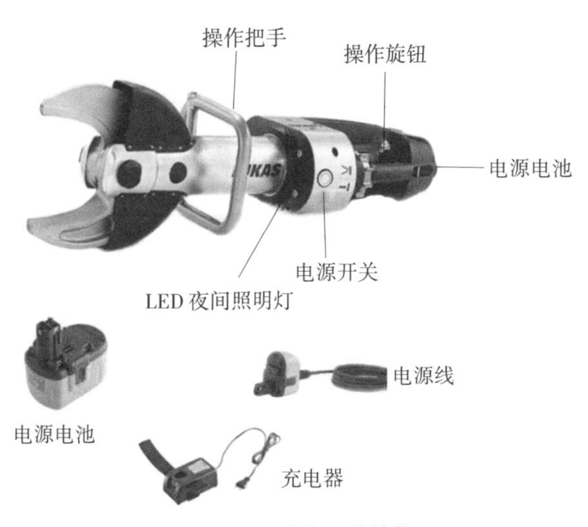

图 7-30　电动液压剪结构

三、操作步骤

1. 检查防护装备

（1）穿戴好防护头盔、护目镜、防护服、防护手套、防护靴。

（2）必要时还需要带上耳罩。

2. 检查机器

（1）检查机器外观有无少零部件，如图 7-31 所示。

（2）检查剪切头是否磨损，如图 7-32 所示。

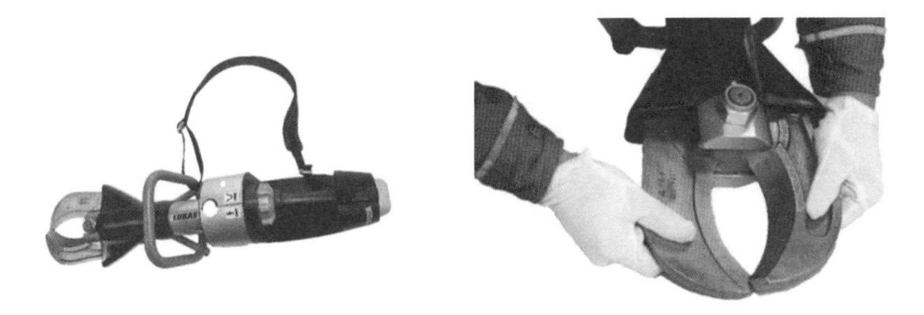

图 7-31　外观检查　　图 7-32　剪切头检查

（3）检查剪切头与机器连接处是否有润滑油，如图 7-33 所示。

（4）检查每个部件的紧固件有无松动，如图 7-34 所示。

（5）检查电池电量是否充足，如图 7-35 所示。

3. 检查环境及准备工作

（1）开始各项救援工作前，请确保救援障碍物处于相对稳定状态。

（2）将肩带调整至合适位置，将液压剪背负在肩背上，抓牢操作把手防止使用过程中液压剪脱落，佩戴方法如图7-36所示。

图7-33　连接处检查

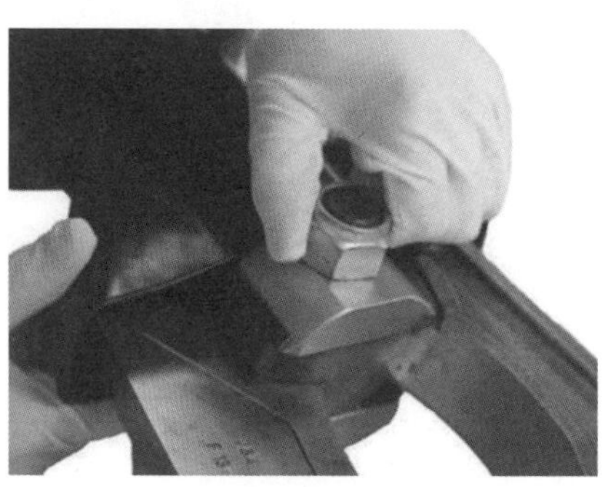

图7-34　检查紧固件

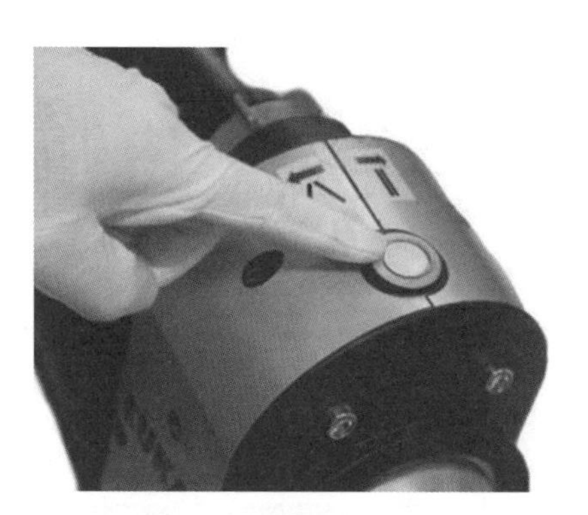

图7-35　检查电池电量

7-36　佩戴方法

4. 打开电源开关

（1）将星状手控阀向图标方向转动并保持住这一动作。

（2）关闭设备或者收缩活塞。

（3）将星状手控阀向图标方向转动并保持住这一动作，一旦松开星状手控阀，它将自动回到中央位置。

5. 剪切（剪切器和多功能工具）

（1）剪切过程中，尽可能将刀片与障碍物成90°角，如图7-37所示。

（2）越靠近设备支点，剪切效果越好。

（3）剪切过程中，应严格按照设备工作能力来进行，否则会损害设备。避免剪切车体过度坚硬的部分，否则可能会使设备受到损害。

（4）将液压剪操作旋钮向右旋转使液压剪操作剪头打开，如图7–38所示。

（5）操作剪头打开后放入需被剪的物体，被剪的物体必须在操作剪头的中后部位，不能用前段剪切，如图7–39所示。

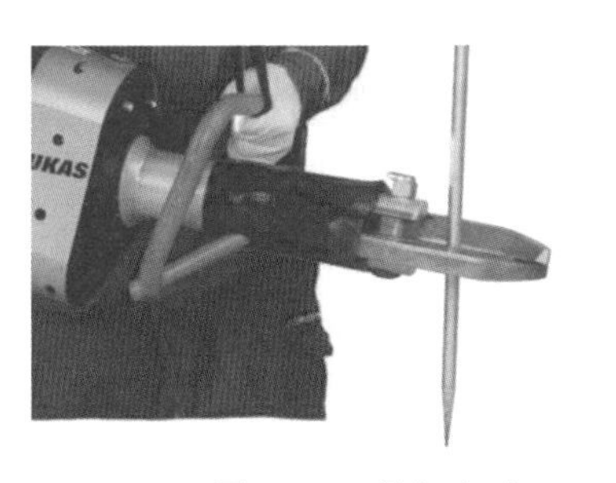

图7–37 剪切方法

图7–38 打开剪头

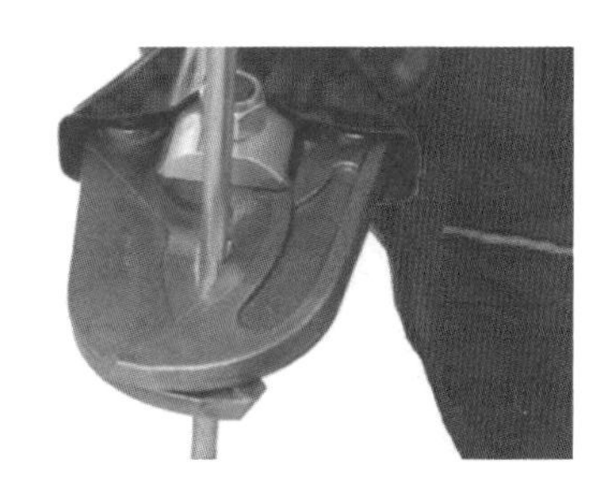

图7–39 剪切示意图

6. 扩张（只适用于多功能剪扩钳）

（1）只有扩张头的顶端用来扩大间隙。

（2）扩张，扩大障碍物的间隙。

（3）工作空间太小，只适合扩大障碍物间隙。

7. 拉和牵引（只适用于多功能剪扩钳）

（1）LUKAS的链条是专门用来拉和牵引的。

（2）当使用牵引链条时，钩子等必须合理钩挂，防止使用过程中链条松开，链条只能在完好无损的情况下方可使用。

（3）专业技术人员必须每年检查一次牵引链条。

8. 设备的拆装保存

（1）每次救援工作结束后，都要将各种器材恢复至初始状态，即将剪切钳、扩张钳和多功能剪扩钳等的前端合拢至只剩下几毫米的距离。但严禁过度闭合，否则可能会导致设备的液压力和机械压力出现异常。

（2）每次操作使用后都要注入适量的润滑油并清理干净。长期不使用时，也要定期对设备进行润滑，防止设备生锈或老化。严禁将设备存放在潮湿环境中。

（3）使用完毕后将液压剪操作旋钮向左旋转使操作剪头合拢但需留有3~5mm的空间不得完全闭合，收好操作剪头后长按电源开关。

四、注意事项

（1）需要戴头盔、护目镜、安全手套、安全鞋，必要时也要戴耳朵的保护装备。

（2）发生故障时须立即停用，修复后再使用。

（3）遵守所有安全、操作指令。操作扩张剪时周边不可站人，防止机器误伤人。

（4）任何损害设备或危及安全的操作模式是禁止的。

（5）不得超过设备最大允许操作压力（最大700bar）。

（6）撕边非常锋利，触摸任何切割部分必须着防护手套。

（7）工作时确保有充足的照明（夜间使用LED照明灯）。

（8）操作需要选择适当的位置（剪切物体使用扩张剪中后部位，不得使用前端）。

（9）每次操作使用后都要注入适量的润滑油并清理干净。长期不使用时，也要定期对设备进行润滑，防止设备生锈或老化。严禁将设备存放在潮湿环境中。

五、常见问题及处理

常见问题及处理见表7–4。

表7–4　常见问题及处理

不良现象	解决对策
液压剪出现错剪现象	将液压剪剪切处平稳垂直放入需剪切的物体
设备在工作状态下，剪切刀片，扩张臂工作缓慢或不稳定	除气除氧或联系厂家的技术人员
星状手控阀不能自动复位到中央位置	复位扭转弹簧出现故障，有异物卡住，去除异物

续表

不良现象	解决对策
活塞杆出现液压油	更换密封圈或活塞
不工作	联系厂家进行维修

六、日常维护和保养

（1）所有设备是由其内部的液压机械压力所控制。但基本的目视检查必不可少，通常每次使用设备前后均要目视检查一遍，若长期未用，至少每六个月进行一次目视检查。目视检查能够发现设备表面的损害，并及时进行维修，防止使用过程中才发现设备损害而造成事故。除此以外，还要定期检查设备中心固定杆的扭转力。

（2）每年要对设备进行一次常规检查，该检查必须由有相关设备经验的专业人员进行。

（3）每三年要对设备进行一次刀片、扩张头等的裂纹检查。LUKAS可提供相关检查所使用的套件。

（4）每三年要对设备进行一次各种性能检查，确保设备长时间使用后的安全性。

（5）每次进行设备维修检查时，要及时穿戴个人防护装备。严禁既无专业技术背景又无维修经验的人员私自维修保养设备。

第五节　汽油油锯

一、功能及应用

汽油油锯是以汽油机为动力的手提锯，主要用于伐木和造材，其工作原理是靠锯链上交错的L形刀片横向运动来进行剪切动作。汽油油锯的特点是机动性强，适合野外移动式工作。但噪声大，维护保养麻烦，产热较多。

二、一般结构

汽油油锯结构如图7–40所示。

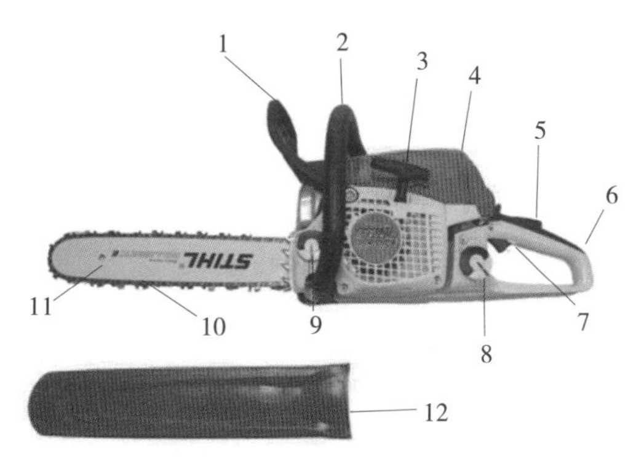

图 7-40　油锯外观检查

1- 前挡板；2- 前把手；3- 启动拉杆；4- 空气滤清器罩盖；5- 扳机控制臂；6- 后把手；7- 扳机；8- 燃油箱口盖；9- 机油箱口盖；10- 锯链；11- 导板；12- 锯链保护罩

三、操作步骤

（1）检查汽油油锯的外观是否完好，如图 7-41 所示。

（2）安装锯链至导板，松紧适度，如图 7-42 所示。

（3）加注汽油和机油配比的燃油，如图 7-43 所示。

图 7-41　油锯外观

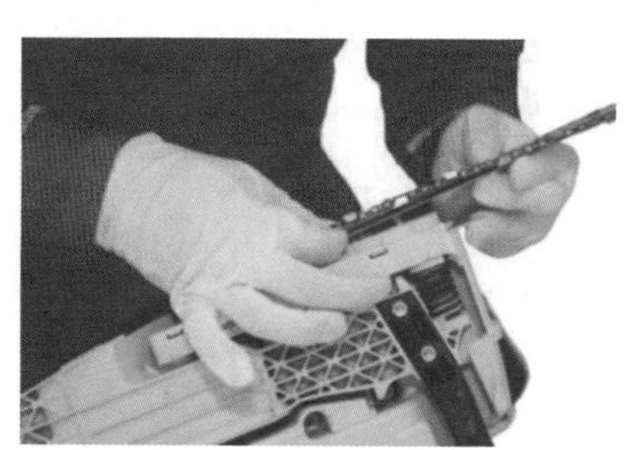

图 7-42　检查安装锯链

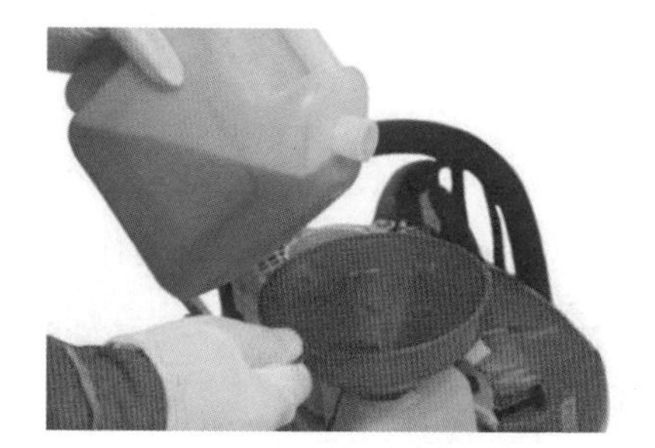

图 7-43　添加燃油

（4）加注机油，如图7–44所示。

（5）打开风门（冷机时打开，热机时可关闭），如图7–45所示。

（6）打开油锯开关，如图7–46所示。

图7–44　加注机油

图7–45　打开风门

图7–46　打开开关

（7）将前挡板向前推至保险状态，如图7–47所示。

（8）固定好汽油油锯确保导板及锯链不接触任何物体后拉动启动拉绳至发动机运转，如图7–48所示。

图7–47　打开保险

图7–48　启动拉绳

（9）用手同时按住扳机控制臂和扳机，使油锯空转观察油锯运行状态，如图7–49所示。

（10）将前挡板向后推至工作状态，如图7–50所示。

图 7-49　观察油锯运行状态

图 7-50　打开工作状态

四、注意事项

（1）经常检查锯链张紧度，检查和调整时请关闭发动机，戴上保护手套。张紧度适宜的情况是当链条挂在导板下部时，用手可以拉动链条。

（2）链条上必须总有少许油溅出。每次工作前都必须检查锯链润滑和润滑油箱的油位。链条无润滑不能工作，因为如用干燥的链条工作，会导致切割装置损毁。

（3）不可使用旧机油。因为旧机油不能满足润滑要求，不适用于链条润滑。

（4）如果油箱中的油位不降低，可能是润滑输送出现故障。应检查链条润滑，检查油路。被污染的滤网也会导致润滑油供应不良。应清洁或更换在油箱和泵连接管道中的润滑油滤网。

（5）更换安装新链条后，锯链需要2~3min的磨合时间。磨合后检查链条张紧度，如有必要重新调节。新的链条较已经用过一段时间的链条相比更需要经常进行张紧。在冷的状态下时，锯链必须贴住导板下部，但用手能将锯链在上导板移动。如有必要，再张紧链条。达到工作温度时，锯链膨胀略下垂，在导板下部的传动节不能从链槽中脱出，否则链条会跳槽，需要重新张紧链条。

（6）链条在工作后一定要放松。链条会在冷却时收缩，没有放松的链条会损坏曲轴和轴承。如果链条是在工作状态下被张紧，那么冷却时链条就会收缩，链条过紧会损坏曲轴和轴承。

（7）按规定穿工作服和戴相应劳保用品，如头盔、防护眼镜、手套、工作鞋等，还应穿颜色鲜艳的背心。

（8）机器运输中应关闭发动机。

（9）加油前必须关闭发动机。工作中热机无燃油时，应在停机15min，发动机冷却后再加油。

（10）起动前检查的操作安全状况。

（11）起动时，必须与加油地点保持3m以上的距离。不要在密闭的房间使用。

（12）不要在使用机器时或在机器附近吸烟，防止产生火灾。

（13）工作时一定要用两只手抓稳机器，站稳，以免滑倒危险。

五、油锯的保养

1. 机器的保养

（1）空气滤清器每工作25h必须去除灰尘，灰尘多时应缩短保养时间。将风门调至阻风门位置，以免脏物进入进气管。把泡沫过滤器放置在干净、非易燃清洁液中清洗并晾干。毡过滤芯不太脏时可以轻轻敲一下或者吹一下，但不能清洗毡过滤芯。安装时必须将毡过滤芯带标记的一面装入过滤器外壳中。

（2）火花塞每次使用25h必须取下进行保养，用钢丝刷去电极上的灰尘，调整电极间隙为0.6~0.7mm为宜。

（3）燃料滤清器吸油管每25h清洗1次。

（4）消音器每使用50h必须卸下保养。

2. 机器的保管

（1）如果三个月以上不使用油锯，则要清洗整台机器，特别是气缸散热片和空气滤清器，用沾有油的布擦洗机器表面。

（2）在通风处放空汽油箱并清洁。

（3）化油器防干，否则化油器泵膜会黏住，影响下一次启动。

（4）清空燃油箱中的燃油，然后再启动发动机，让发动机耗尽燃油自动熄火为止。

（5）取下锯链和导板，清洁并检查，喷上保护油。

（6）将链条润滑油箱灌满。

（7）卸下火花塞，将少许发动机机油倒入气缸内，用启动绳拉动发动机2~3次后，按上火花塞，再次拉动启动绳，使其停止在感觉有力为止。

（8）将发动机放置在干燥、通风良好的位置，要远离热源或明火。

（9）机器放置在干燥安全处保管，以防无关人员动用。

（10）如果油锯较长时间不用，须用刷子将链条洗净，放置在机油池里保管。

3. 常见问题及处理

不良对象及解决对策见表7-5。

表7-5　不良对象及解决对策

不良现象	解决对策
不能启动	1. 更换合适混合油 2. 卸下并擦干火花塞 3. 更换火花塞 4. 调整磁电机点火间隙
能率不足、加速不灵、严重空转	1. 更换合适混合油 2. 清除空气滤清器、燃油滤清器的堵塞 3. 调整化油器
机油不喷出	1. 更换机油 2. 清除机油通道以及孔口 3. 按要求放置油管油滤位置

第六节　高位树枝修枝锯

一、功能特点及结构

高位树枝修枝锯（后简称高枝油锯）是应急救援中常用的机械之一。主要用来修剪一些比较高的枝丫，单人操作难度大、危险性强，相较于其他油锯，使用危险性更高。

高枝油锯外形结构如图7-51所示。

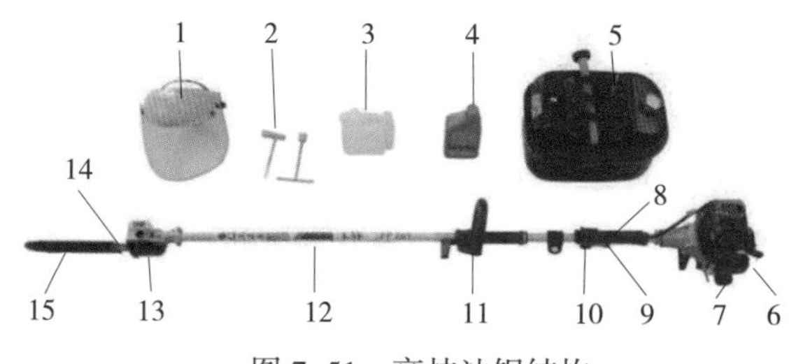

图7-51　高枝油锯结构

1-防护面罩；2-转用工具；3-燃油配比壶；4-机油；5-汽油；6-启动拉杆；7-燃油箱口盖；8-扳机控制臂；9-扳机；10-开关；11-前把手；12-主杆；13-机油箱口盖；14-锯链及导板；15-锯链保护罩

二、正确使用

1. 准备工作

（1）按规定穿戴工作服及正确佩戴劳动防护用品，如头盔、防护眼镜、手套、工作鞋等，还需穿着颜色鲜艳的背心。

（2）对于两冲程引擎，使用燃油配比壶将普通汽油和两冲程机油按50：1比例配比为汽油链锯所需的燃油。四冲程引擎使用一般无铅汽油。

（3）将普通汽油倒入配比壶的大仓内，在将两冲程的机油倒入配比壶的小仓内，盖上壶盖均匀融合（配合比例为50：1，即50份汽油混合1份两冲程混合油）。如图7–52所示。

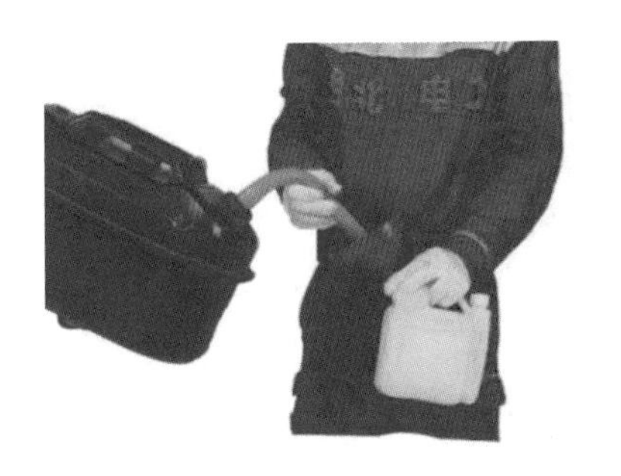

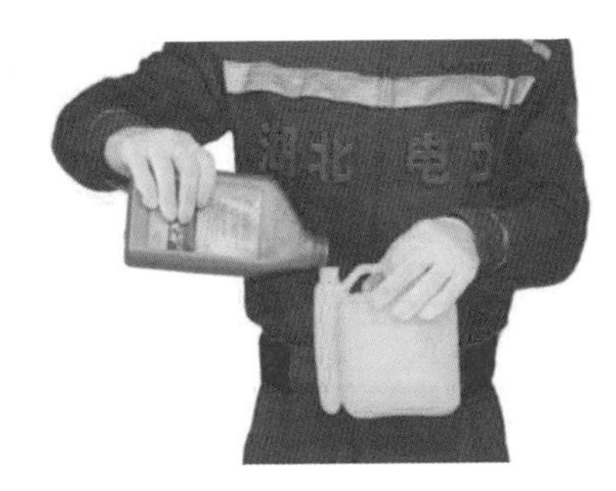

图7–52　调制混合油

（4）打开燃油口，使用加油漏斗将配好的燃油加注进汽油链锯内，如图7–53所示。

（5）将机油箱内加注润滑油，如图7–54所示。

图7–53　加注混合油

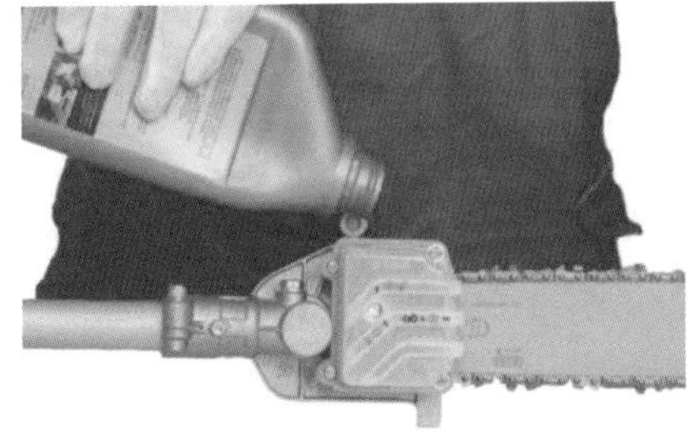

图7–54　加注润滑油

（6）打开电源开关，如图7–55所示。

（7）牢牢抓住操作把手确定导板和链锯悬空，未接触到任何物体。慢慢拉启动绳，直到拉不动为止，待弹回后再快速有力地拉出，拉动启动手把多次，直到可听见爆炸音为止，如图7-56所示。

（8）再次握紧启动手把，直至发动机可正常自动运转，如图7-57所示。

图7-55　打开电源开关

图7-56　启动拉绳

图7-57　正确操作

2. 使用方法

（1）站在需要修剪的树枝边，左手在把手上自然握住，手臂自然伸直，机器与地面构成的角度不能超过60°，但也不能过低，否则不易操作。

（2）将油锯锯链对准树枝下口，由下而上，以防夹锯。

（3）遇到比较粗的树枝时为避免损坏的树皮、机器反弹或锯链被夹住，先在下方一侧锯一个卸负荷切口，即用导板的端部下切出一个弧形切口。

（4）如果树枝的直径超过10cm时，首先进行预切割，在所需切口处20~30cm的地方进行卸负荷切口和切断切口，然后用枝锯在此处切断。

三、注意事项

（1）不能使用未与机油混合的汽油。汽油只能选用92号以上的无铅汽油。

（2）不能使用混入水的燃料。

（3）每次使用时必须检查锯链润滑和润滑油箱的油位，链条必须润滑后方可使用，如用干燥的链条工作，会导致切割装置的损坏。不可使用旧机油。

（4）汽油锯链内已有燃油如放置时间过长，加油前需清理干净。

（5）检查锯链的张紧度要适当，不能过紧或过松，以链条挂在导板下部时，用手可以拉动链条为好。

（6）机械运输过程中、加油前必须关闭发动机。工作中热机无燃油时，应停机15min以上，待发动机冷却以后再加油。启动高枝油锯时，必须与加油地点保持3m以上的距离，不要在密闭的环境下使用高枝油锯。不要在使用机械时或者机械附近吸烟，以免发生火灾。

（7）启动前检查高枝油锯的操作安全状况。

（8）使用高枝油锯时，工作直径内不得有人通行或逗留。

四、维护与保养

1. 技术保养

（1）新出厂的机器从开始使用到第三次灌油期间为磨合期，使用时不可无载荷高速运转，以免在磨合期间给发动机带来额外负担。

（2）长时间全负荷作业后，让发动机作短时间空转，冷却气流带走大部分热量，以免驱动装置部件因热量积聚带来不良后果。

（3）空气滤清器的保养。将风门调至阻风门位置以免脏物进入进气管，把泡沫过滤器放置在干净非易燃清洁液中清洗并晾干。更换毡过滤器，不太脏可以轻轻敲一下或者吹一下，但不能清洗毡过滤器，注意损坏的滤芯必须更换。安装时注意毡过滤器带标记的一面朝里装入过滤器外壳中。

（4）火花塞检查，如果出现发动机功率不足，启动困难或者空转故障时，首先应检查火花塞。清洁已被污染的火花塞，检查电极距离，正确距离是0.5mm。如果火花塞有分开的接头，一定要将螺母旋到螺纹上并旋紧，将火花塞插头紧紧压在火花塞上。

2. 机械保养。

如果三个月以上不使用高枝油锯，则要按下列方法进行保养。

（1）在通风处放空汽油箱并清洁。

（2）防干化油器，否则化油器泵膜会黏住，影响下次启动。

（3）拆下锯链和导板，并清洁保养。

（4）彻底清洁整台机器，特别是气缸散热片和空气滤清器。

（5）如使用链条润滑油，要将润滑油箱灌满。

（6）机器应放在干燥安全处保管，以防无关人员接触。

3. 常见故障及处理

常见故障现象及处理办法见表7–6。

表7–6　常见故障现象及处理办法

故障现象	处理办法
出现夹锯	应向锯口中间加尖楔，然后慢慢把锯链抽出来
无法启动	检查机油是否充足，混合油配比是否准确，清理火花塞积碳，清理空气滤清器
启动绳卡死	检查启动器和启动绳，清理启动室进气口

第八章　高空救援类

在输电线路登杆、走线验收、附件安装、紧放线、等人员高空作业过程中，作业人员可能因身体状况、作业环境、导线扭转等突发情况，引发高处坠落的风险。所以各输电线路建设、运维等单位必须掌握必要的高空救援技能，具备自救、互救和专业救援技能，对于提高本质安全水平，保障安全生产具有重要意义。

救援人员必须熟知如何正确穿戴整套救援系统及用途（PPE），同时熟练掌握救援所需器具的用途和用法，及时有针对性地采取适宜的救援手段。

一、高空救援装备

高空救援装备如图8-1所示。

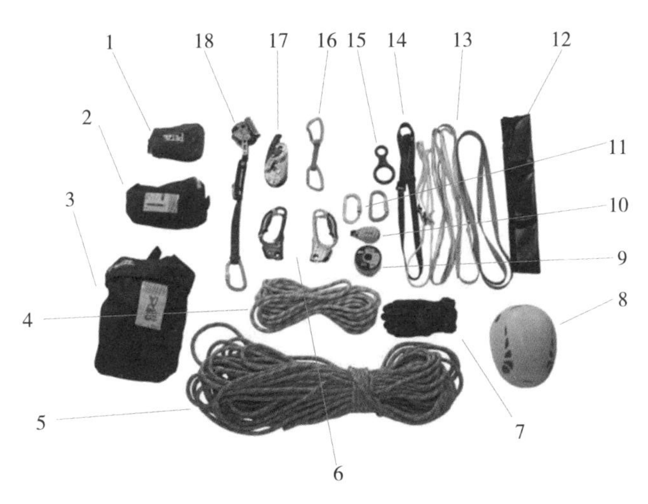

图 8-1　实施高空救援所需装备

1- 限位挽锁；2- 提拉套装；3- 安全带；4、5- 攀登绳；6- 手持上升器；7- 手套；8- 安全帽；9- 抛头绳；10- 投掷包；11- 安全锁；12- 护绳套；13- 扁带；14- 脚踏带；15- 八字环；16- 短连接；17- 防恐慌自动制停下降保护器；18- 防坠器

1. 安全帽

当作业人员受到高处坠落物、硬质物体的冲击或挤压时，减少冲击力，消除或减轻其对头部的伤害。在冲击过程中，从坠落物接触头部开始的瞬间，到坠落物离开帽壳，安全帽的各个部件（帽壳、帽衬、插口、栓绳、缓冲垫等）首先将冲击力分解，然后通过各个部分的变形作用将大部分冲击力吸收，使最终作用在人体头部的冲击力减弱，从而起到保护作用，如图8-2所示。

图 8-2　救援安全帽

2. 安全带

高空作业安全带又称全方位安全带，一般采用橘红色丙纶带加工而成的。全方位安全带是高处作业工人预防坠落伤亡的防护用品。由带子、绳子和金属配件组成，总称全方位安全带，如图8-3所示。

图 8-3　安全带

使用救援腰带时应注意以下事项：

（1）每次使用安全带时，应查看标牌及合格证，检查安全带有无裂纹，缝线处是否牢靠，金属件有无缺少、裂纹及锈蚀情况，安全绳应挂在连接环上使用。

（2）安全带应高挂低用，并防止摆动、碰撞，避开尖锐物质，不能接触明火。

（3）作业时应将安全带的钩、环牢固地挂在系留点上。

（4）在低温环境中使用安全带时，要注意防止安全带变硬割裂。

（5）使用频繁的安全绳应经常做外观检查，发生异常时及时更换，并注意加绳套的问题。

（6）不能将安全带打结使用，以免发生冲击时安全绳从打结处断开，应将安全挂钩挂在连接环上，不能直接挂在安全绳上，以免发生坠落时安全绳被割断。

3. 攀登绳

攀岩绳为攀登者与保护者之间建立起了一种可靠的远程连接，为操作者提供了一个安全的平衡过渡，如图8–4所示。

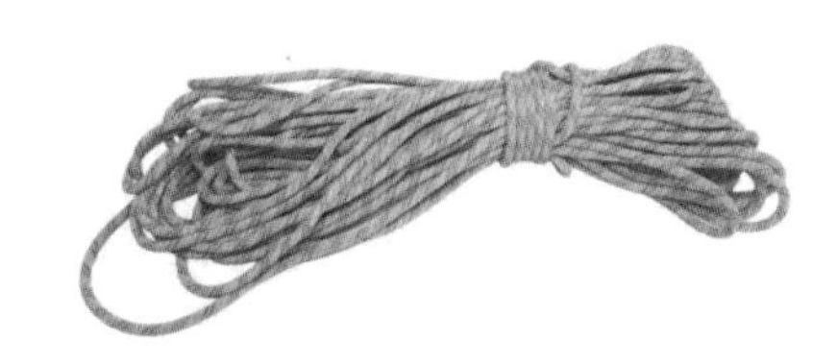

图 8–4 攀登绳

按照绳索的用途不同，攀登绳主要分为主绳和辅绳。主绳有动力绳（保护绳，延展性好。）和静力绳（下降等用绳，可做路绳，延展性较差。）。辅绳分为3种：①7~8mm绳，可用做胸绳，作为副保护；②4~6mm绳，可截取不同长度做成绳套，做抓结用；③2~3mm绳，可承重、挂置物品、作风绳等用途。

4. 锁具

锁具作为户外救援的一种安全装备，有力地保障了相关人员的生命安全，是救援任务中不可缺少的安全用具。因为人体能够承受的最大冲击力为12kN，所以当冲击力传达到主锁上时，最大冲击力为18kN。因此主锁的纵向关门拉力必须大于18kN（≈1.8t），如图8–5所示。

图 8–5 安全锁具

锁具使用注意事项：①锁具勿与化学品接触，尽量少地接触泥沙；②用毕用低于40℃的温水中清洗后自然风干；③切勿使锁具从高处摔向地面，否则其内部受损肉眼看不到；④应在干燥、通风处储存，避免与热源接触，不要在潮湿处长期存放；⑤锁具的寿命与其使用状况有关，使用频率及其使用环境均对其寿命有影响，一般来说使用年限不应超过5年；⑥清洗后应对锁门边轴进行润滑，使用中应避免沙粒进入连轴处。

当发生以下现象应立即更换锁具：①当磨损处的凹槽超出锁具直径1/4时；②当锁具的锁门不能正常开关时；③当锁门的螺丝扣不能正常关闭及扭开时；④当锁具与化学物品接触后；⑤当锁具自高处摔落到坚硬的地面后；⑥当锁具受到强烈冲击后；⑦当不确定锁具是否能继续使用时，请咨询经销商。

5. 八字环下降器

八字环下降器是在下降和保护过程中，通过绳子与器材之间的摩擦，以抵消自身重力或坠落的冲击力，使操作者可以使用较小的力来控制自身下降的速度或控制住坠落者下坠的一种器械。具有质量轻，体积小等特点。缺点是使绳子扭曲比较严重，八字环下降器如图8-6所示。

6. 投掷包

将轻便的牵引绳投掷绕过导线上方，连接主绳，牵引过导线，从而建立线上保护站，如图8-7所示。

图8-6　八字环　　　图8-7　投掷包

7. 防恐慌自动制停下降保护器

防恐慌下降保护器在高空救援过程中用于释放受困者，施救人员下降保护，也可作为锚固使用。防恐慌自动制停下降保护器其外形，如图8-8所示。其具有以下特点。

图8-8　防恐慌自动制停下降保护器

（1）带有防慌乱功能的自动制停下降保护器。多功能手柄可以实现以下功能：①具有操作者松手即停的自动制停功能，通过左手下压手柄与右手紧握制动端绳索的摩擦来控制下降；②将手柄向右旋转、下压即可实现下降器锁定；③手柄自动归位锁闭功能，当松手时，手柄自动下垂至左侧底部，实现归位锁闭；④手柄上的按钮使其更容易在水平或倾斜角度的绳索移动；⑤防慌乱功能。如果操作者操作手柄用力过猛将会触发防慌乱功能，中轴凸轮迅速释放并自动锁住绳索，停止下降；⑥防绳索装错功能。防错误操作安全凸齿可大大降低因绳索在装备内安装错误而导致的意外情况。凸轮形状进行了改良从而在上升时绳索滑动更加顺畅。

（2）极其高效防丢失单向制停滑轮（PROTRAXION）。①单向制停滑轮为使安装尽可能简便而设计，当该滑轮已经被安装于固定点上时仍然可以安装绳索，该滑轮总是连接在其锁扣上，防丢失功能得以实现；②非常适合提拉重物；③大直径铝质滑轮安装在密封的滚珠轴承上以获得超卓的效率，在使用过程中，当滑轮开始受力且为了防止打开，侧板可被锁上；④多用途，下方连接点可用于制造不同类型的拖拽系统，带有自清洁狭槽的尖齿凸轮可在任何环境下优化其性能（例如冰冻或有泥土的绳索），当凸轮在提起的位置被锁住，它也可以被用作简单滑轮。滑轮直径为38mm；使用绳索直径：8~13mm；效率：95%；工作负重限制：2×2.5kN=5kN；重量：265g；认证：CEEN567，NFPA1983。

（3）极其高效超便携单向制停滑轮（MICROTRAXION）。超轻小巧；多用途。带有自清洁狭槽的尖齿凸轮可在任何环境下优化，（例如，冰冻或有泥土的绳索），当凸轮在提起的位置被锁住，它也可以被用作于简单滑轮。滑轮直径：25mm；使用绳索直径：8~11mm；效率：91%；工作负重限制：2×2.5kN=5kN；重量：85g；认证：CEEN567。如图8-9所示。

图8-9 防恐慌自动制停下降保护器入绳

8. 手持上升器

手持上升器主要用于攀升绳索。正因它们容易由绳索放上及除下，此工具用于由绳索攀爬转为用绳索下降的过渡。也可用于拖拉系统控制前进用。手持上升器分为左手和右手两种型号。具有齿凸轮和抓绳槽自动清洗功能，即使在泥泞和结冰条件下依然能够正常使用。宽大的人体工程学塑料把手能够更有抓握力。下孔可用于连接锁具或用快挂单锁与一个脚踏环相连，上孔可用锁扣连接工具和绳索。手持上升器用于直径11~13mm的单绳，如图8-10所示。

图8-10 手持上升器

9. 提拉套装

图 8-11　救援提拉套装

用于高空救援任务中提拉受困者，装置可释放锚点或张紧一个系统，使用4：1滑轮组和滚柱轴承滑轮，可收缩式的结构非常小巧，即使在离锚点非常近的环境下也能使用。可快速设置，灵活的保护套能防止发生缠绕；黄色为提拉端保护套颜色，黑色为安装端保护套颜色。使用绳索直径为8mm。承载力为6kN。通过EAC认证，如图8-11所示。

10. 护绳套

护绳套用于包裹导线上，防止绳索与导线摩擦受损。轻型及灵活，用Velcro作开关，用绳索上的扣子作安装或拆卸。重量为95g，长度为55cm，如图8-12所示。

图 8-12　攀登绳护绳套

11. 扁带

扁带是户外用途广泛的用具，其作用是用来连接快挂、铁锁和上升器。扁带与保护支点直接接触，减少绳子的磨扭。扁带可制作成攀爬的辅助工具。同时扁带有很高强度的抗拉性与耐磨性。增强了保护系统的安全系数。成型扁带是厂家出厂时根据不同需要已经制作好的扁带，其长度一般为60~120cm。此类扁带出厂时必须经过检测，因此安全系数较高，如图8-13所示。

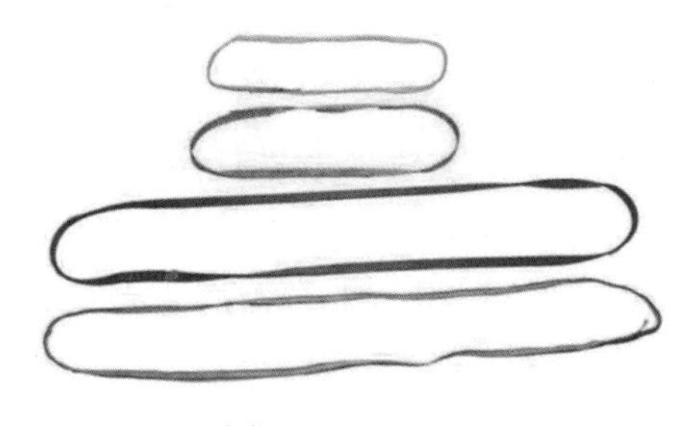

图 8-13　扁带

在使用过程中，应避免扁带扭曲。与固定支点连接时最好使用两根扁带，以确保安全。与上升器等装备连接过程中扁带使用时要检查其长度是否合适，不合适时可通过打结的方式调节长短。应避免与化学物品及尖锐物品接触。扁带的使用及储存温度不得超过80℃。所有与扁带连接的环节（安全带、绳索、铁锁、保护点、保护器、下降器等）均应符合CE及UIAA认证标准。保护站应使用至少两根以上的扁带。与扁带相连接的保护点一定要牢固可靠，并不会使其磨伤。保护站的两根扁带夹角应小于60°。

12. **脚踏带**

脚踏带与上升器配合使用，用于上升时脚部蹬踏。维护保养与扁带相同，如图8-14所示。

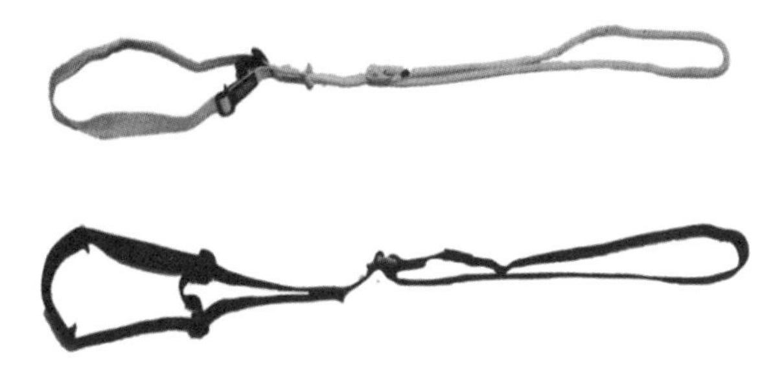

图8-14 脚踏带

13. **防坠器**

防止下滑或不受控制的下降时制停坠落，用于备用救生绳索，防坠器如图8-15所示。

（1）特点。即使坠落时紧握此装备也不影响其锁定功能，无论垂直或倾斜的绳索上均可工作，无需人工干预即可在绳索上自由上下移动，在绳索的任何位置均可安装和移除，可与势能吸收器挽索一起使用建立与安全绳所需的距离，备有OK TRIACT-LOCK自动上锁安全扣。

（2）重量为425g（ASAP 350g，OK TRIACTLOCK75g）。

（3）认证。CE EN 3522（止坠系统）与ASAP一起使用的绳索应为符合EN 1891标准的A类静力绳（带有缝合终点直径在10.5~13mm的绳索）。例如，带有缝合终点11mm AXIS绳索。CE EN 12841 A类（复杂绳索技术）认证：ASAP与符合EN 1891标准A类静力绳一同使用（直径10~13mm）；例如，直径10.5mm PARALLEL绳索。防坠器入绳如图8-16所示。

图 8-15　防坠器　　　　图 8-16　防坠器入绳

二、实施高空救援

基干分队收到救援命令后，或事发现场具备救援能力的第一反应者，应迅速展开救援行动，根据现场地形的不同，选择正确的救援方式。

1. 塔位不便到达但被困者下方地势较好

救援人员直接在被困者正下方，利用铅袋及细绳抛至导线上，利用换绳系统把动力绳从导线上方穿过，绳头落至地面后进行固定，救援人员直接从地面利用上升器上升至导线上，到达后采取三种救援方式中任意一种（上方释放、下方释放与陪同下降）把人员从导线上救落至地面。

2. 铁塔方便到达但被困者下方地势不好

救援人员直接带上救援装备延铁塔攀爬至横担，进入导线，走线至被困人员正上方，到达后采取三种救援方式中任意一种（上方释放、下方释放与陪同下降）把人员从导线上救落至地面。

3. 被困人员在自身清醒和体力充沛的情况下

直接利用细绳制作抓结，爬到导线上，实现自救。

三、施救者三种救援方式

被困者下方视野清晰可见可选用无陪伴上方释放或者无陪伴下方释放，视野无法清晰可见，可选用上方陪伴释放。选择正确的救援方式后，救援人员自身穿戴好防护用具，带好所需的救援装备后，使用防坠落装置或者交替使用牛尾及双钩攀登杆塔（在上下杆塔及杆塔上移位时不得失去保护），采取走线或者乘坐飞车的方法到达被困者的上方，根据选取的救援方案进行保护站及救援系统的建立。

1. 无陪伴上方释放

救援人员到达被困者上方时迅速利用护绳套或者垫布包裹导线，如图8-17所示，再利用扁带建立保护站，利用钢锁将两个独立的保护点连接形成一个保护站，如图8-18所示，将静力绳一端8字节连接保护站（作为自身保护），用同样的方法再次建立另一个独立的保护站，作为备份，如图8-19所示。

图 8-17 救援人员安装互绳套

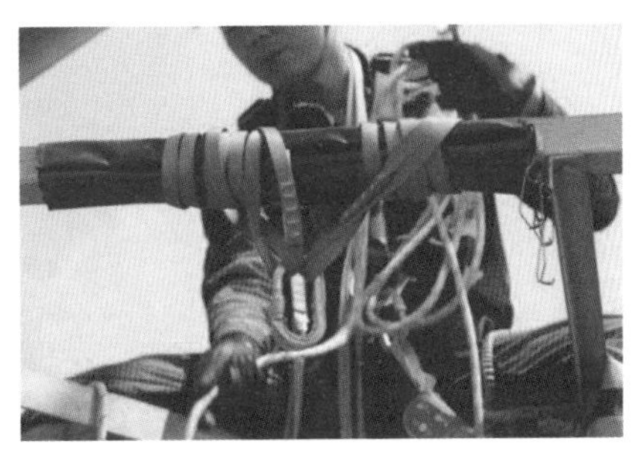

图 8-18 救援人员建立保护站

当两个保护站建立完成后，救援人员选取一个保护站将自身所携带的ID连接在保护站的静力绳上，将绳尾收短至合适的位置后锁死ID，然后慢慢的坐下直至自身ID受力后将打在导线上的保护取下收好，如图8-20所示。

图 8-19 建立备份保护站

图 8-20 将施救者固定在攀登绳上

待自身救援系统完成后，迅速将双向救援套装连接至另一个独立的保护站上，利用ID下降至被困者平行的合适位置，将救援三角带正确穿戴在被困者的身上，注意三角带的伸缩带长度适中，防止在释放过程中出现过松被困者脱落或者过紧导致被困者血液流通不畅所造成的二次伤害。为被困人员穿戴好三角带再使用钢锁连接至双向救援套装上，待救援系统全部建立完成后，救援人员利用手持上升器和脚踏微距上升至双向救援套装可控范围内，提拉双向救援套装将被困者的力量全部转至救援套装上，随后取下被困者保护绳，在操作ID使被困者缓慢下降，下降过程中随时与下方配合人员沟通，下方配合人员待被困者即将落地时上前接应并使被困者摆出W型姿势，待被困者肢体恢复知觉或者至少30min，如图8-21所示。

图8-21　将被困者放至地面

2. 无陪伴下方释放

救援人员到达被困者上方时迅速利用护绳套或者垫布包裹导线，再利用扁带建立保护站，利用钢锁将两个独立的保护点连接形成一个保护站，将静力绳一端制作8字节连接保护站（作为自身保护），如图8-22所示。随后再建立一个独立的保护站利用钢锁连接定滑轮，将救援静力绳一端打一个8字节，配装一个钢锁连接自身安全带的装备环上，救援静力绳另一端在下方右地面配合人员利用ID连接至下方释放的保护站上，收紧绳索等在上方救援人员的指令，救援人员利用自身所携带的ID连接在保护站的静力绳上，将绳尾收短至合适的位置后锁死ID然后慢慢的坐下直至自身ID受力后将打在导线上的保护取下收好，如图8-23所示。

图8-22　建立自身保护站

待自身救援系统建立完成后利用ID缓慢下降至被困人员平行高度，为被困人员正确穿戴救援三角带，再将救援三角带和救援系统连接，准备完毕后通知下方配合人员收紧ID起到提拉作用，待被困人员所有重量转至救援系统上后，随后取下被困者的保护绳，待一切完毕后，通知下方配合人员松防ID使被困者缓慢下降，下降过程中随时与下方配合人员沟通，下方配合人员待被困者即将落地时上前接应并使被困者摆出W型姿势，待被困者肢体恢复知觉或者至少30min，如图8-24所示。

图8-23 下方锚点人员收紧绳索

图8-24 下方锚点人员释放被困者

3. 上方陪伴释放

救援人员到达被困者上方后，迅速利用护绳套或者垫布包裹导线，再利用扁带建立保护站，利用钢锁将两个独立的保护点连接形成一个保护站，将双向救援套装上的ID连接自身，如图8-25所示。

图8-25 施救者利用锁具将被困者连接自身

用同样方法再次做一个保护站挂上自身防坠器作为自身备份保护所用（因为是双人同时下降，必须有备份止坠），做好所有准备工作后取下自身的导线上的保护慢慢利用双向救援套装的ID下降至被困者上方，为被困者穿戴好救援三角带，利用双向救援套装与被困者救援三角带相连接，提拉四分之一系统待四分之一系统完全受力后，利用牛尾和短连接将自身与被困者相连，随后取下被困者的保护绳，再利用ID将自身与被困者一起缓慢下降，如图8–26所示。

图8–26　救援人员陪同下降

下降过程中随时与下方配合人员沟通，下方配合人员待被困者即将落地时上前接应并使被困者摆出W型姿势，待被困者肢体恢复知觉或者至少30min，如图8–27所示。

图8–27　地面人员配合将被困者降落至地面

四、自救方式

被困者发生悬吊后，应立即利用细绳在后备绳上制作抓结，与短绳连接形成脚踏绳，从而缓解腰带腿环对大腿股动脉的压力。再利用细绳在后备绳上制作抓结与腰带胸环连接形成胸升。操作两个抓结利用上升技术交替上升实现自救。

救援器具清单见表8–1。

表8–1 救援器具清单

编号	名称	图示	品牌	品名	型号	数量
1	防恐慌自动制停下降保护器		petzl	I'DS	D200S0	4
2	可调节长度辅绳式脚踏圈		petzl	FOOTCORD	C48A	2
3	可调节长度扁带式脚踏圈		petzl	FOOTAPE	C47A	4
4	柔软绳索保护套		petzl	PROTEC	C45 N	10
5	5m 提拉套组		petzl	JAG SYSTEM	P044AA02	2
6	投掷袋		petzl	JET	S02Y 300	1

续表

编号	名称	图示	品牌	品名	型号	数量
7	投掷绳		petzl	AIRLINE	R02Y 060	1
8	投掷绳存储包		petzl	ECLIPSE	S03Y	1
9	胸式上升器		petzl	CROLL	B16BAA	6
10	左脚上升器		petzl	PANTIN	B02CLA	6
11	梅陇锁		petzl	DELTA	P11 8B	8
12	编带环		petzl	ST'ANNEAU	C07 60	10
13	编带环		petzl	ANNEAU	C40A 60	10
14	编带环		petzl	ST'ANNEAU	C07 120	10

第九章　运输及后勤保障类

运输及后勤保障装备是指在应急救援行动中承担运输和后勤保障支撑的装备，它是保障应急工作不可缺少的物资条件。在电网企业应急抢险救援中，需要各种类型的运输和后勤保障装备支持其运转。如果对此类装备的操作使用不熟练，那么应急救援的能力将受到限制，且难以有效地开展事故的预防、准备、响应、善后和改进等工作。因此，熟练操作与使用不同类型的运输及后勤保障装备是高效开展应急救援的必要前提，对提升企业应对突发事故或紧急情况的应急能力具有深远的意义。本章将对电网企业应急救援常用的典型运输及后勤保障装备进行叙述。

第一节　履带式微型起重机

履带式微型起重机是指具有履带行走装置的全回转动臂架式微型起重机。履带式微型起重机是一种机动灵活，操作方便、高效、工作可靠的理想起重设备。特别适合应急抢险作业。尤其在野外、钢材、木材市场及狭窄工地作业时，更能发挥其特长。

履带式微型起重机如图 9–1 所示。

图 9–1　履带式微型起重机

1- 主臂；2- 伸缩臂；3- 吊钩；4- 发动机；5- 行走机构；6- 履带；7- 支撑腿

履带式微型起重机（以下简称吊车）主要特点如下：

（1）使用范围广，结构简单，传动平稳，操作省力，易实现自动化控制。

（2）适用于沼泽、河滩、沙漠、水田、热带雨林、雪地和冰面等复杂的路况。

（3）单缸动力系统，油耗低。也可采用双缸，四缸柴油机。

（4）牵引力大，爬坡抓地性能好，运输能力强。

（5）转弯半径小，机动灵活，尤其适应狭窄场地，减少修建道路的费用。

（6）配备电启动，手柄集中，操作方便。

一、使用方法

1. 机器启动及行走操作

确认汽油和液压油注入油量不少于整体容积的3/5后，发动机器（冬季要进行必要的预热启动，大概15min左右）。如图9–2所示。

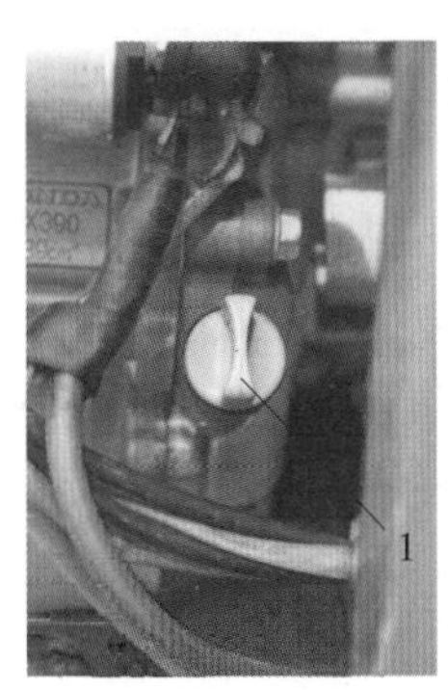

图9–2　确认汽油和液压油

1–机油加注口；2–发动机拉火绳；3–发动机风门开关；4–燃油阀门

（1）启动机器。机器启动前，请确认已把液压取力器手柄放在低档位置、电门处于“开（ON）”、油门手柄在最小位置，并确认行车方向没有人或者其他障碍物，如图9–3所示。

吊车操作人员侧身以弓步站在发动机的前方，猛力拉出发动机拉火绳，启动发动机，如图9–4所示。

（2）机器前进。两行走操作手柄一起向前推机器前进，一起向后拉则机器后退，如图9–5所示。

（3）转向。两行走操作手柄一前一后拉动实现转向，如图9–6所示。

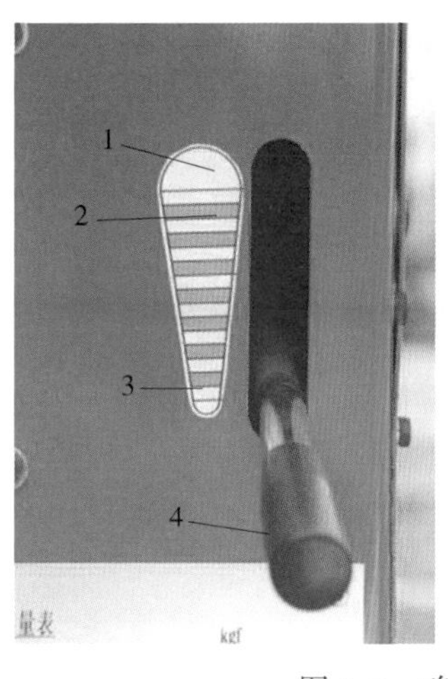

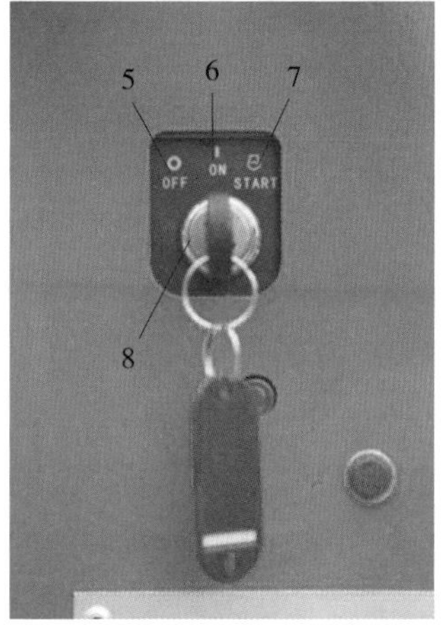

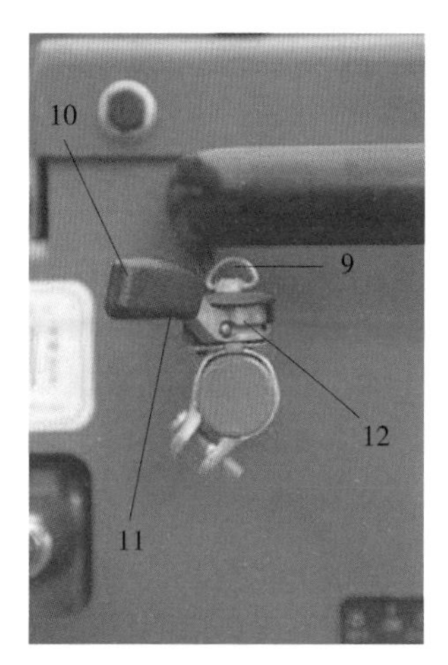

图 9-3 确认取力器手柄、点火开关、油门手柄位置

1- 液压取力器挡位；2- 高挡位；3- 低挡位；4- 液压取力器手柄；5- 电门“关”位置；6- 电门“开”位置；7- 电门“电启动”位置；8- 电门钥匙；9- 油门手柄锁定旋钮；10- 油门手柄；11- 油门最小位置；12- 油门最大位置

图 9-4 启动发动机

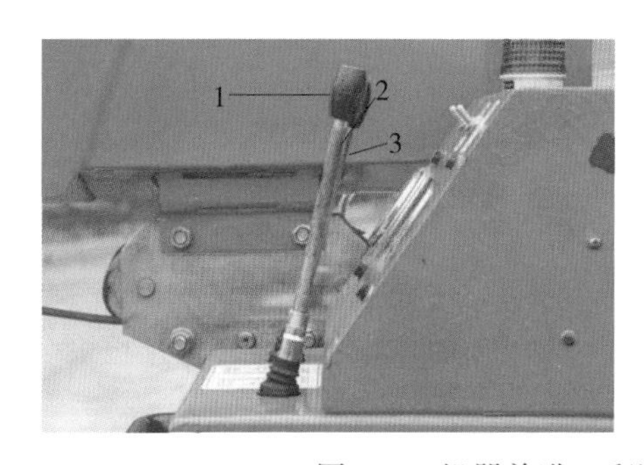

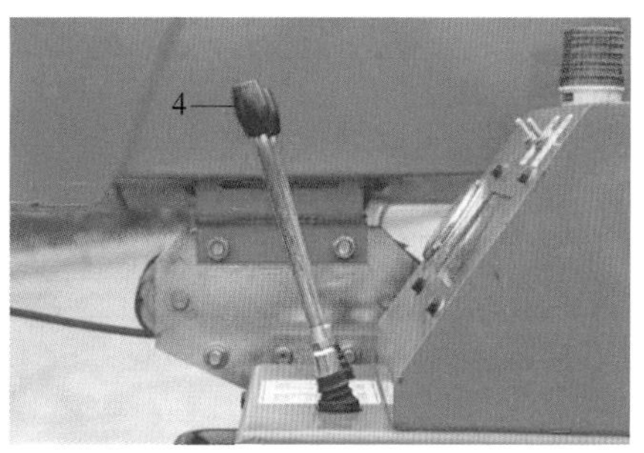

图 9-5 机器前进 / 后退状态手柄位置示意图

1- 行走操作右手柄；2- 行走操作左手柄；3- 前进方向；4- 后退方向

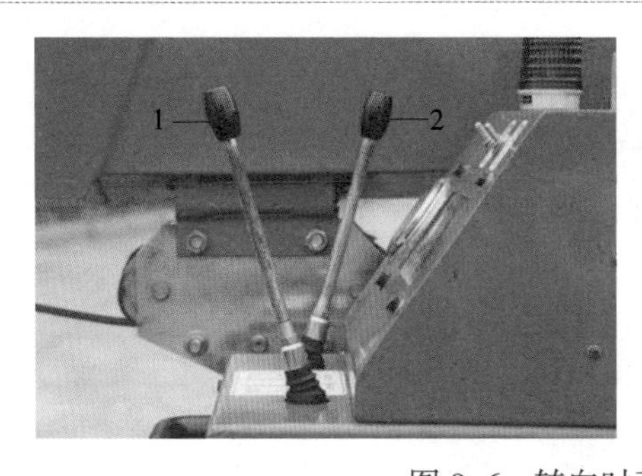

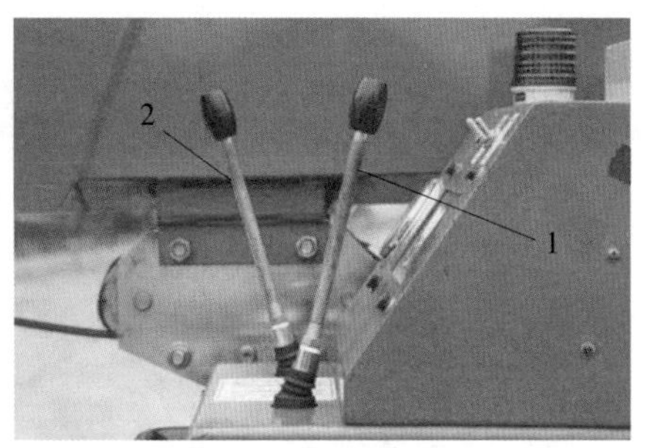

图 9-6　转向时手柄状态示意图

1- 行走操作右手柄；2- 行走操作左手柄

（4）机器停止移动。两行走操作手柄拉至中位机器停止移动，如图9-7所示。

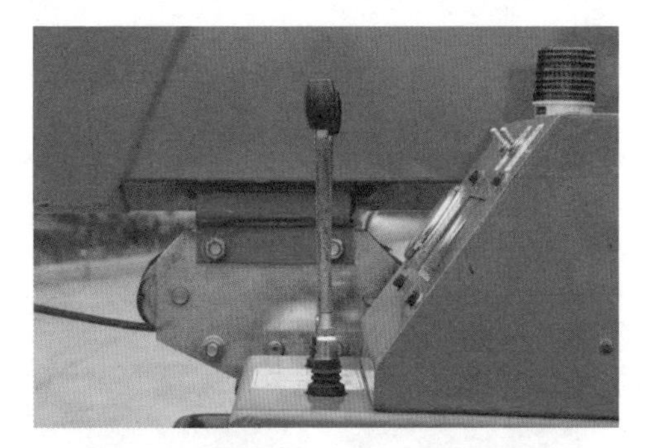

图 9-7　停止移动时手柄状态示意图

2. 伸出支腿的操作

确认吊车停稳后，可进行伸出支腿的操作。

（1）操作支腿液压缸手柄，4个支腿再次收紧。

（2）手动，将靠近机身的内侧销子拔出，调整到最合适的角度，销子固定（支脚角度越大，机器的承重能力越差）。

（3）手动，拔出中间的销子，选择适合位置，销子固定（在没有障碍物的情况下，一般选择最大角度）。

（4）手动，将前段伸缩支腿拉出，销子固定。

（5）调整支腿调节操纵杆，慢慢伸展支腿，直到确认支腿已经完全与地面接触并牢固固定机身，必须根据水平仪调节机身水平，各个支腿的角度要保持一致，如图9-8所示。

注意：支腿不要接触到建筑物等不稳定的地方。确认水平仪水平，机器保持平衡。地面与车轮的距离10cm最适合。

3. 吊机作业操作

吊机吊装作业时，要严格按照顺序操作。

（1）吊臂起伏。操作吊臂起伏手柄，使吊臂处于适当位置。

（2）吊臂旋转。操作吊臂旋转手柄，使吊臂处于适当位置。

（3）吊臂伸缩。操作吊臂伸缩手柄，使吊臂处于适当位置，吊重时禁止此动作。伸缩方向指示如图9-9所示。

图 9-8　支腿平稳时吊车状态示意图

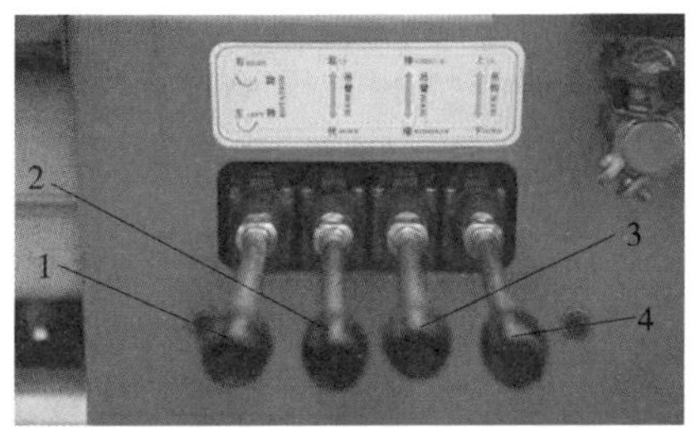

图 9-9　吊臂操作机构示意图

1-旋转操作手柄；2-起伏操作手柄；3-起伏伸缩手柄；4-吊钩上下操作手柄

（4）吊钩上下。操作吊钩上下手柄，使重物处于适当位置，按如图9-10所示上下手方向，操作吊钩上下手柄。

图 9-10　吊钩操作

注意：要让吊臂升起一定的角度，确保不碰到机身的任何位置和操作员，然后旋转调整转角，伸缩吊臂，根据起吊的重物去调整吊臂和吊钩（吊臂下禁止站人）。

吊臂收回操作顺序：收起吊钩→收缩吊臂→旋转吊臂→放平吊臂。

4. 支腿收回操作顺序

（1）确认吊臂复回原位，把档位放到低档位置。

（2）先稍微收2支腿，确保车身倾斜的角度不太大，再收2支腿，直至履带与地面完全接触。

（3）调整液压缸把四个支腿收起一定的角度（适合小支腿的回收即可），先收回最下面的支腿，销钉插好，直至完全收起支腿。

（4）手动把支腿靠拢车身，再轻轻调整液压缸把四个支腿稍微压紧即可。插好销钉在旋转关节最外侧孔位。

二、注意事项

（1）驾驶本机时应认真执行驾驶员操作要求，新手要进行专门的培训，不合格的驾驶员不能驾驶。

（2）吊车行走、吊钩上下时可调至高速，其余各种操作必须处于低速。

（3）吊车行走之前，必须把四个支腿收起放稳，销钉插好，否则禁止行走。

（4）在作业前，确保四个支腿平稳，各个销钉插好后，再进行作业。

（5）在作业旋转之前，吊臂要先升起一定高度，确保不碰到支腿及其他部位时，再进行作业。

（6)调节吊臂的起伏，决定作业半径。请务必按照规定荷重表的指示重量起重。

注意：在支腿没有完全打开时，须适当降低吊重。严禁超重作业。

（7）作业时，至少要有2人在场。吊臂下不许站人。

（8）在工作过程中若发出异常声音，应立即停车检查，及时排除故障，确认整机状态正常时，在继续工作。

三、保养方法

1. 磨合维护

（1）磨合前的准备。

1）将吊车表面清理干净。

2）检查并拧紧螺栓和螺母。

3）按要求对各润滑部位进行润滑。

4）燃油采用97号汽油。

5）液压油采用L-HM46，一般新机磨合60h要更换一次液压油，以后再正常作业条件下，隔600h应更换或过滤一次，液压油最多使用年限为两年。

更换方法：首先将旧油放出，用煤油或纯净化的化学清洗剂清洗油箱，待晾干后再用新液压油清洗，清洗后，放出清洗油，再加入新油。

6）发动机机油，初期使用20h换一次，以后每工作100h更换一次。嘉陵-本田通用产品专用机油：SJ 10W-30。使用4冲程机油，API等级分类SE级及以上（或相当）常检查机油容器上的API标识，确保标有SE级以上（或相当）字符。

（2）磨合程序。

1）发动机空转15min，启动后由低速逐渐加速。

2）用前进档与倒退档试行走，确保行走没问题。

3）把四个支腿设置好，试吊无故障（不要试吊太重的物体）。

4）在试机的过程中，观察有无异常声音及漏油现象，如有异常应立即停车排除。

2. 润滑

（1）保持润滑油的洁净。

（2）选用适宜的润滑油按规定时间进行润滑。

（3）采用压力主脂法添加润滑脂，这样可以把润滑脂挤到摩擦面上，防止用手涂抹时进不到摩擦面上。

（4）各机构没有注油点的转动部位，应定期用稀油壶在各转动缝隙中注油，以减少机件的摩擦和防止锈蚀。

（5）钢丝绳必须按时进行润滑，润滑前应用浸有煤油的抹布清洗旧油。禁止用金属刷子或其他尖锐器具清洗钢丝绳上的污物，禁止使用酸性或其他具有强烈腐蚀性的润滑剂。

3. 日常维护

每班工作中或工作后，操作人员须进行以下维护。

（1）空载试验时各机构运转是否正常，有无异响声。

（2）检查行程开关是否齐全、可靠。

（3）检查卷筒和滑轮上的钢丝绳是否正常，有无脱槽、串槽、打结、扭曲等现象。

（4）检查钢丝绳的磨损情况，是否有断丝等现象，检查钢丝绳的润滑状况。

（5）吊钩固定可靠、转动部位灵活、无裂纹、无剥离，吊钩螺母的放松装置是否完整，吊钩危险断面磨损不大于原高度5%。

（6）检查滑轮钢丝绳脱槽装置、罩壳完好无损坏，滑轮无裂纹、轮缘无缺损。

（7）检查金属结构及传动部分连接件的紧固。

（8）车上外露的有伤人可能的活动部件均有防护罩。

（9）每班清扫起重机灰层，每周对起重机进行全面清扫，清楚其上污垢一次。

4. 一级技术保养

每月进行一次，由维修人员进行，检查与维护的内容除了包括日常维护的内容外还包括以下内容。

（1）检查各销轴安装固定状况及磨损和润滑状况。

（2）检查所有的螺栓是否松动与短缺现象。

（3）检查发动机、液压泵等底座的螺栓紧固情况，并逐个紧固。

（4）检查滑轮处钢丝绳的磨损情况，对滑轮及滑轮轴进行润滑。

（5）检查滑轮状况，看其是否灵活，有无破损、裂纹，特别注意定滑轮轴的磨损情况。

（6）检查车的运行状况，不应产生启动和停止时扭摆等现象。

（7）检查电瓶电解液液面的高度，液面高出电极板10~15mm。

（8）检查油管接头处是否漏油，排除漏油现场。

（9）检查油泵、发动机工作情况，应无异响、温度正常。

5. 二级技术保养

每年检查和维护一次，由维修人员进行保养，除了包括月检查内容外还应包括以下内容。

（1）检查支重轮、张紧轮状况，对支重轮、张紧轮轴进行润滑。

（2）检查吊臂、车体各主要焊缝是否开焊、锈蚀现象，锈蚀不应超过原板厚的10%，各主要受力部件是否有疲劳裂纹；各种插销、支架是否完整无缺；检查吊臂螺栓并紧固一遍。

（3）检查吊臂的变形情况。

（4）清洁液压系统滤油器，保证油路通畅。

（5）检查卷筒情况，卷筒壁磨损不应超过20%，绳槽凸峰不应变尖。

（6）拧紧起重机上所有连接螺栓和紧固螺栓。

（7）检查油压缸工作情况，液压缸应无回缩、渗油、跳动。

（8）清除液压油箱内的油泥沉淀等杂质。

6. 履带的保养

（1）注意作业情况。

1）橡胶履带应避免与机油、柴油、润滑脂等各种油类接触。还应避免与酸、碱、盐等化学品的接触。如发生上述情况需及时清洗、清除。

2）橡胶履带应避免在尖锐突起的石块、钢筋等凹凸不平的道路上行驶。必要时可铺设木板或其他平整物体。

3）橡胶履带应避免在砂砾、碎石路面上作较长距离的行驶。这样极易造成橡胶表面早起磨损、如果行驶路程较远，应采用装载车辆进行转移。

（2）掌握正确的使用方法。

1）橡胶履带使用后应进行保养清洗，以防止橡胶履带的加速磨损和腐蚀。

2）在行走过程中应尽可能减少急转弯。急转弯极易造成脱轮损伤履带，还会产生导向轮或导轨撞击芯铁造成芯铁脱落。

3）经常检查驱动轮、导向轮及支重轮的磨损情况。驱动轮磨损严重后使驱动齿轮与芯铁齿合传动时间隙增大、产生较大的冲击力，严重时会将芯铁勾出。磨损严重的驱动轮，导向轮、支重轮等应及时更换。

4）不宜在坡路上倾斜行走、过桥式行走、台阶边缘摩擦行走、强行爬台阶行走等。这些不正常的行驶都将会导致履带花纹损伤，芯铁折断，履带边缘割伤，钢丝帘线断裂等不正常的损伤产生。

（3）注意橡胶履带张紧度的调整。橡胶履带必须经常保持正常的张紧度。不能过松或过紧。张紧力过松易使履带脱轨，导向轮，承重轮骑齿。张紧力过紧易使履带产生较大的张力，导致履带伸长、节距发生变化，在个别地方产生高压面，造成芯铁和驱动轮加速磨损。使用中应经常检查和调整。调整时应在平坦的硬地面上进行。用液压支起架，松开履带张紧螺母，将载重轮和履带之间的间隙调整到规定间隙，然后紧固锁定螺母即可。

第二节　四驱越野车

随着自然灾害的频繁发生和国家对应急抢险工作的高度重视，机动性强的各类功能性专用汽车应用而生。四驱越野车是中小型车体，机动灵活，能适应应急抢险各种复杂道路状况，其既装设备又兼乘应急队员，可迅速出击，立即赶赴作业现场，同时可根据不同的救援要求，配置不同功能的特种装备，既可救人救援，掌握控制灾情发展，又可调运抢险救援物资，是电网企业应急救援队伍必备的交通工具和装备。

一、主要功能及特点

四驱越野车是一种为越野而特别设计的汽车，可在崎岖地面使用，可以在野外适应各种路面状况。其主要特点是非承载式车身，四轮驱动，较高的底盘、较好抓地性的轮胎、较高的排气管、较大的马力和粗大结实的保险杠。

二、结构和主要部件

四驱越野车主要由底盘、发动机、驱动机构、车体及附件组成。结构如图9–11所示。

（a）外观

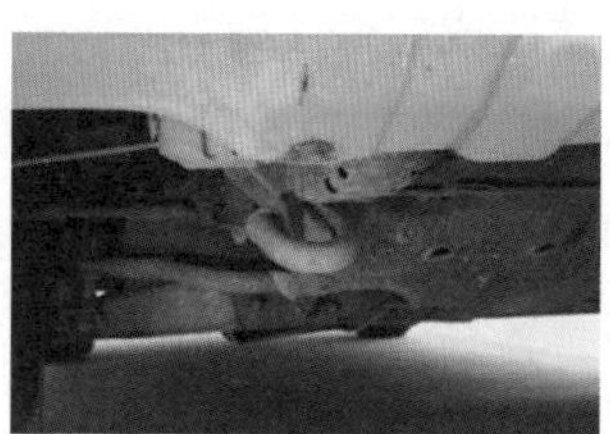

（b）前底部

（c）后底部

图9–11　四驱越野车结构

1–发动机舱；2–车顶行李架；3–尾箱；4–左前轮；5–驾驶舱；6–乘员舱；7–左后轮；8–排气管；9–前桥；10–前牵引钩；11–备胎；12–后拖车钩

1. 仪表和控制装置

仪表和控制装置如图9–12所示。

（a）仪表盘

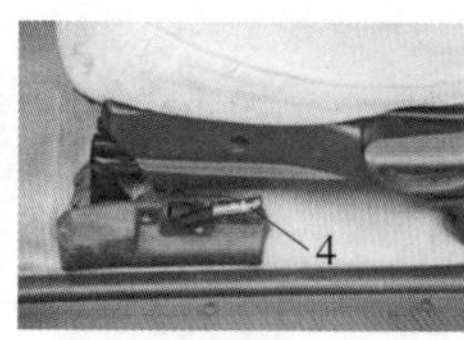

（b）燃油加注口盖开关

（c）燃油加注口

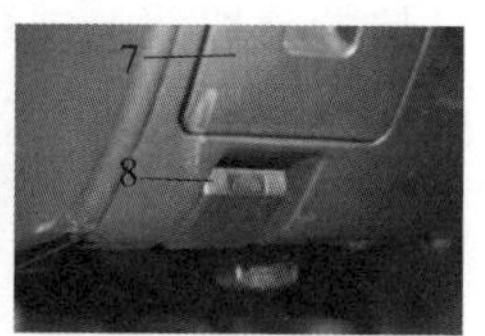

（d）发动机舱盖锁扣开关

图9–12　仪表和控制装置

1–发动机转速表；2–车辆速度表；3–发动机水温指示表；4–燃油箱口盖开关；5–燃油箱口；6–燃油箱口盖；7–驾驶舱电源保险盒；8–发动机舱盖锁扣开关

2. 挡位操纵杆

一般有5个前进挡位，标记为“1、2、3、4、5”；1个后退挡位，标记“R”。使用与普通车辆相同。挡位操纵杆如图9-13所示。

图9-13 挡位操纵杆

1- 四驱操纵杆；2- 挡位操纵杆

四驱操纵杆在普通路面行驶时，处于两驱高速状态，即位于“2H”挡位。只有在轮胎打滑或车辆需要脱困时，四驱操纵杆处于四驱高速或四驱低速状态，即位于“4H”或“4L”挡位。当车辆在四驱状态时，车内仪表盘会点亮四驱状态指示灯。如图9-14所示。

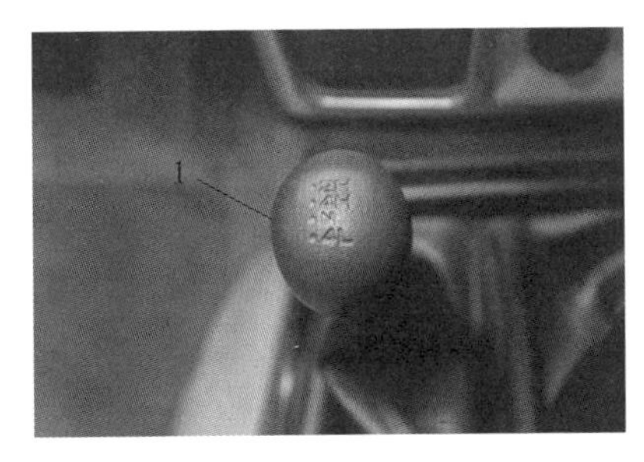

（a）四驱操纵杆

（b）仪表盘四驱指示

图9-14 四驱挡位示意

1- 四驱操纵杆；2- 四驱指示灯

3. 发动机仓内设备

操作步骤如图9-15所示。

（a）打开发动机舱盖

（b）架好支撑杆

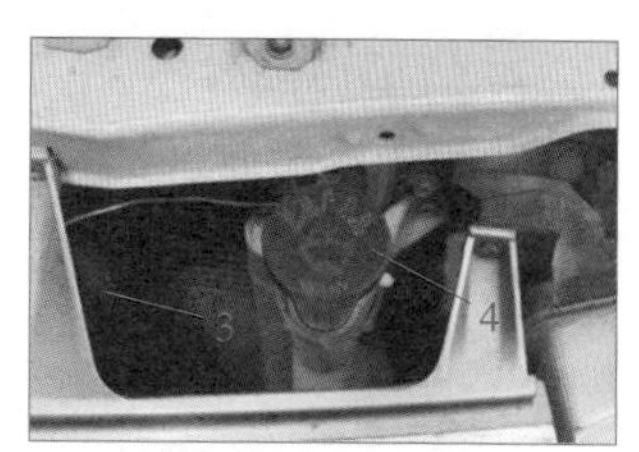

（c）玻璃水加注口

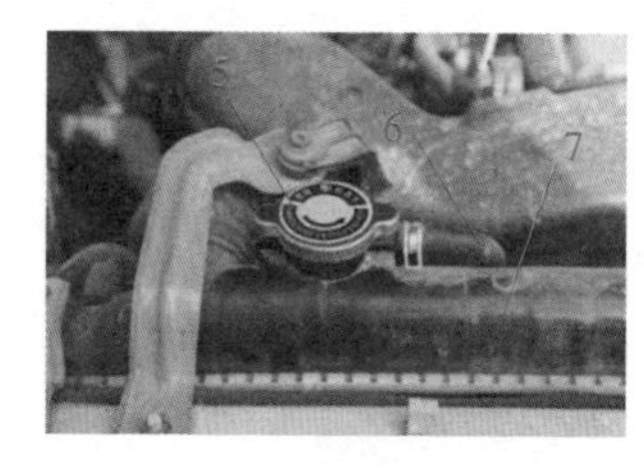

（d）冷却液加注口

（e）润滑油加注口

（f）润滑油位标尺

图 9-15　操作步骤

1- 发动机舱盖；2- 舱盖支撑杆；3- 散热器叶片；4- 玻璃水加注口盖；5- 冷却液加注口盖；6- 溢水管；7- 散热器；8、12- 循环水管；9、10- 火花塞；11- 润滑油加注口盖；13- 润滑油位标尺

三、驾驶前操作

1. 起动发动机之前

（1）确认汽车周围没有障碍。尽可能经常检查诸如发动机机油、冷却液、制动液、离合器油、风窗洗涤液等的液面，至少在每次添加燃油时应进行上述检查。

（2）检查所有的车窗和车灯是否清洁。目视检查轮胎的外观和状态，以及轮胎气压是否正常。锁好全部车门。调整座椅和头枕。调整内外后视镜。系好安全带并要求所有的乘客都这样做。不要在前后置物架上放置重的或硬的物体，以防在突然刹车时造成伤害。

（3）把钥匙转到“ON”位置，检查各警告灯的工作情况，如图 9-16 所示。拔钥匙时，逆时针转动。该开关含有防盗用的方向盘锁止装置。LOCK 正常驻车时处于（0）位置。只有在此位置时，点火钥匙才可以拔出。要锁住方向盘，先将点火钥匙转到“OFF”位置，同时转动钥匙至“LOCK”位置。

图 9-16 点火开关

2. 起动发动机

（1）当起动发动机的时候，拉起驻车制动。把变速杆换入“N”（空档位置），四驱操纵杆推入“2H”（两驱高速位置），把离合器踏板踩到底，将点火钥匙转到“START”位置。

（2）当发动机起动后，松开钥匙。

（3）如果发动机没有起动，请重复上面的过程。

（4）在特别冷或热的季节如果发电机难以起动时，把加速踏板踩到底帮助起动发动机。

（5）在夏季，若发动机停止运转 30 min 内重新起动发动机时，请把加速踏板踩到底直到发动机起动。

四、四轮驱动车辆的分动器挡位

1.2H

两轮驱动，高速挡。只用后轮驱动。在与标准两轮驱动车相同条件下驾驶时使用。

2. 4H

四轮驱动，高速挡。四个轮子驱动。在用 2H 驾车困难的情况下使用（即以正常速度行驶在覆盖着雪的、结冰的、湿的、泥泞的或沙石路面上）。避免超速行驶，否则会降低牵引力。在 4H 挡位时车速不要超过 80km/h。

3. 4L

四轮驱动，低速挡。四个轮均被驱动。当攀登陡坡或驶下陡坡以及在沙漠、泥泞或深雪中艰难行驶时使用。4L 挡位提供最大动力和牵引力。避免车速过高，最高车速约为50km/h。

4. N

车轮不被驱动。分动器控制杆应经常保持在N位置以外。当需跨过“N”换档时，应在汽车处于停止状态下快速而平稳地移动控制杆。如果在换挡时分动器控制杆停住了，可能是齿轮磨光了。

5. 不要在干硬的路面上使用四轮驱动行驶

在干硬路面上使用“4H”或“4L”行驶会引起不必要的噪声和轮胎磨损并增大油耗。建议在这些情况下以“2H”挡位驾驶。

6. 驻车时请运用驻车制动装置并将分动器控制杆放到“2H”、“4H”或“4L”位置

不要将分动器控制杆放到“N”位置，否则即使变速箱还挂在驱动挡上，车辆也可能意外移动。

五、四轮驱动车辆的分动器换挡过程

1. 自动锁止空转轮毂

设计自动锁止空转轮毂是为了在分动器控制杆移到4H或4L位置时，轮毂自动进入四轮驱动状态。操作注意事项：

（1）在啮合或分离时，自动锁止轮毂会发出正常的咔嗒声。

（2）分动器控制杆在4H或4L位置时，车子从停止状态加速得太快可能无法使自动锁止空转2轮毂啮合，并且发出咔嗒声。若伴随着声音继续行驶可能会损坏轮毂的锁止机构，这时应换四轮驱动以消除噪声。在这种情况下，应松开加速踏板降低发动机转速。

（3）在寒冷的天气里，如果在从2H换入4H位置驾驶时，当分动器控制杆在2H档位时遇到困难，也必须降低车速自动锁止轮毂发出咔嗒声，应停下车，并倒车2~3m或停车。

（4）在行驶中从2H换入4H档位驱动时，不能把分动器控制控制杆停在中间位置。从2H到4H档位换挡不彻底或只分离了一只轮毂可能使自动锁止轮毂产生咔嗒声。保持这种状态继续行驶会损坏轮毂锁。

2. 二轮驱动和四轮驱动的切换过程

（1）从2H换至4H在车速低于40km/h时移动分动器控制杆至4H位置。这时无须踩离合器踏板或移动变速操纵杆到N位置，但应在直线行驶时进行。

（2）从4H换至2H将分动器控制杆移至2H。此操作可在不高于80km/h的任何车速下进行，并无须踩下离合器踏板或移动变速操纵杆到N位置，但应在直线行驶时行驶。

（3）对于换为2轮驱动的操作，当车辆反方向移动1m左右后，自动锁止空转轮毂才会脱离啮合状态。

（4）在向前行驶时，停车并倒退1m。倒车时，停车并向前行驶1m，再后倒1m。脱离自动锁止空转轮毂的啮合有助节油、降低噪声、减少零件磨损

（5）从4H换至2H后，如果4轮驱动指示灯仍然亮。则加速、减速或倒车来将车辆换入2轮驱动状态以保证安全。

（6）从4H换至4L或从4L换至4H。

1）停车。保持发动机处于运转状态。

2）踩下离合器踏板或移动变速操纵杆到N位置。

3）按下分动器控制杆并移到4L或4H位置。换档应快速、平稳。

（7）从2H换至4L。

1）停车。保持发动机处于运转状态。

2）踩下离合器踏板或移动变速操纵杆到N位置。

3）按下分动器控制杆并移到 4L 位置。换档时应快速、平稳。

（8）从4L换至2H。

1）停车。保持发动机处于运转状态。

2）踩下离合器踏板或移动变速操纵杆到 N 位置。

3）按下分动器控制杆并移到 2H 位置。换档时应快速、平稳。

六、注意事项

（1）无论高速还是低速，都要避免以一个固定的车速长时间行驶。不要在高速档上猛烈加速。避免快速起步和全加速。尽可能避免紧急制动。

（2）不要吸入汽车排出的废气，这些废气中含有无色无味的一氧化碳气体，它是一种危险的气体，能使人昏迷甚至死亡。如果怀疑废气进入了车辆，请打开所有的车窗，并立刻检查车辆。

（3）当发动机运转时排出的废气和排气系统是高温的。保持人、动物和易燃物品远离排气管。不要把车停放在易燃物品上，例如，干草、废纸或碎布上。它们会被点燃而引起火灾。驻车时，请确保使人和易燃物品离开排气管。

七、日常维护与保养

（1）经常检查轮胎气压与磨损状况。轮胎气压保持在2.3~2.5个大气压，有助于节油和磨损。对于磨损严重的轮胎要及时更换，如图9–17所示。

图9–17　更换轮胎

1–千斤顶；2–右前轮胎；3–十字轮胎扳手；4–千斤顶操纵杆

（2）保持车辆清洁。使用完毕入库前，应进行清洗，有利于延缓老化。定期保养。特别是三滤、油水系统、电路系统要按照使用手册定期维护，更换不合格的配件，提高车辆使用寿命和效率。

第三节　水陆两用车

水陆两用车又名水陆两栖船、水陆两用车、水陆两用艇。它是结合了车与船的双重性能，既可像汽车一样在陆地上行驶穿梭，又可像船一样在水上泛水浮渡的特种车辆。由于其具备卓越的水陆通行性能，可从行进中渡越江河湖海而不受桥或船的限制，因而多用于军事，救灾救难，探测等专业领域。

一、原理及特点

该车辆的浮力以其密闭车体造成的必要排水量来保证。它采用车轮或履带直接划水，或用专门的水上推进器（螺旋桨或喷水推进器）驱动。其陆上行驶装置为车轮或履带，行驶速度可达100km/h。采用车轮或履带直接划水的车型，其结构简单，但水上速度和机动性差。采用专门的水上推进器（螺旋桨或喷水推进器）驱动的车型，航速可达20km/h以上。

汽车发动机采用了全封闭装置，直到汽车完全报废为止，无需更换，既安全又不会污染空气和水源。车身壳体采用特制的纤维增强塑料，不管在淡水、海水里都不会被腐蚀，同时又大幅度减轻了车身重量，易于在水上漂浮行驶。车上所有的零件全部由电脑控制，任何零件出现问题，电脑都会拒绝开车，并在电脑屏幕上显示出“待救”的信号，维修十分方便。

二、水陆两栖车的结构

水陆两用车结构，它是呈一车体的形态，其特征在于：①该车体包括有陆地动力输出装置，该陆地动力输出装置是由一引擎、传动轴以及差速器所构成，该传动轴呈两截式的设计，在传动轴的各一端分别接设于引擎与差速器相对的一侧；②水中动力输出装置，一般采用外挂舷外机来提供水中行驶的动力；③外壳。该外壳是以轻量材质的玻璃纤维制成，在外壳底部的前轮后方位置处设有前置消水道，于后轮的后方位置处亦同样设有后置消水道，而在水中行驶时可降低水流阻力；④上述结构而可令车体在水中产生前进及后退的推力，并稳定浮于水面，不致产生车身摇晃的情况。水陆两栖车外观如图9-18所示。

图9-18 水陆两栖车各方向外观

1-驾驶操纵杆；2-发动机舱；3、9-救援绞磨；4-防水底仓；5、12-防撞护栏；6-轮胎；7-遮阳棚；8-前挡风玻璃；10-发动机排气口；11、13-舷外机；14、16-底仓排水孔；15-后拖钩车体内部结构如图9-19所示。

（a）水陆两栖车前脱困绞盘

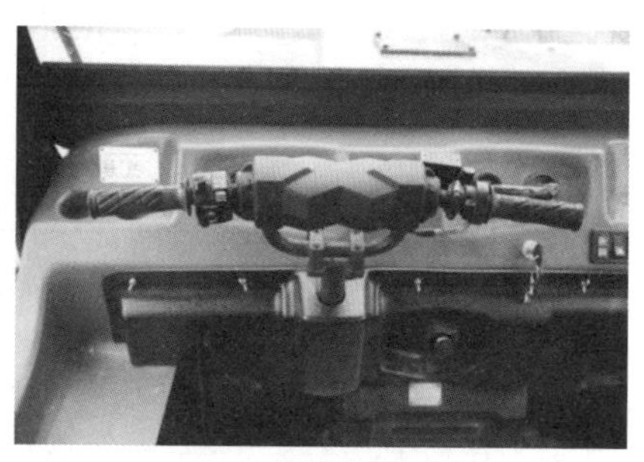
（b）驾驶操纵杆

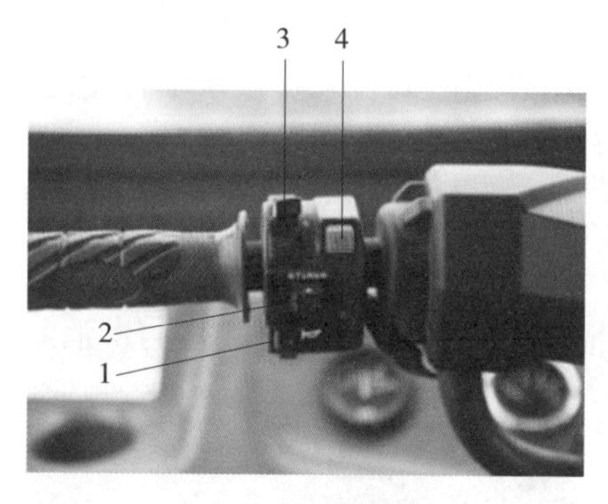

（c）左驾驶操纵杆

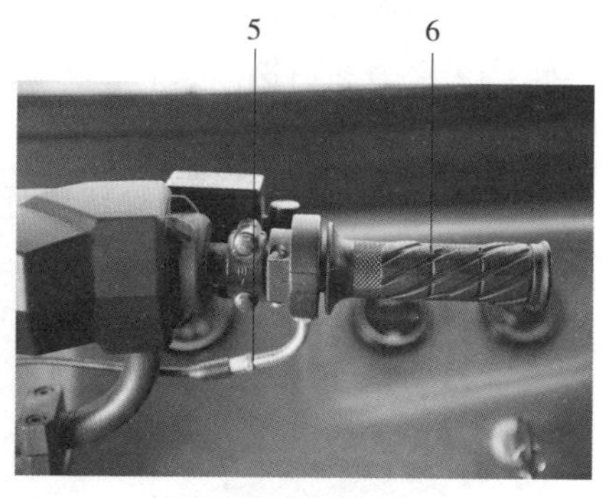

（d）右驾驶操纵杆

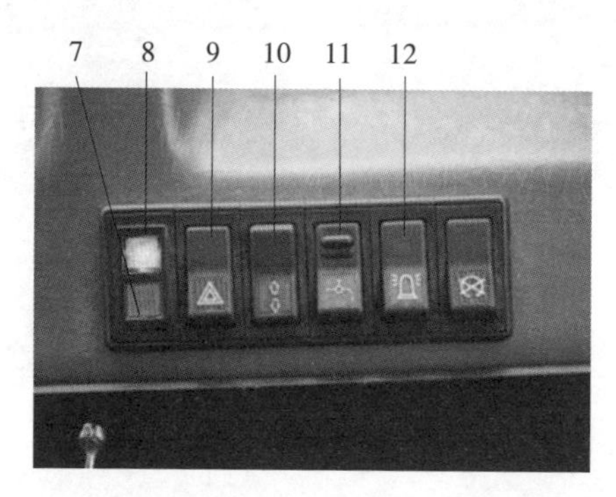

（e）辅助按钮

图9-19 车体内部结构

1-喇叭按钮；2-转向灯开关；3-大灯开关；4-紧急停止按钮；5-刹车油管；6-油门把手；7、8-运行指示灯；9-紧急停车指示灯按钮；10-救援绞磨开关；11-发动机舱积水抽排按钮；12-外接警报器按钮

三、水陆两栖车的操作

1. 启动前的检查

（1）检查燃油表指针处于适量位置，应满足当前班次的驾驶需求。如图9–20所示，当指针处于“1”位置时，指示油箱燃油装满；当指针处于“1/2”位置时，指示剩余一半油箱的燃油；当指针处于“0”位置时，指示油箱燃油耗尽。

（2）检查点火开关处于“熄火”位置，即图中“OFF”位置，如图9–21所示。

图9–20 燃油表

图9–21 点火开关

（3）检查挡位操纵杆处于空挡位置，即图中“N”位置，如图9–22所示。

（a）档位操纵杆

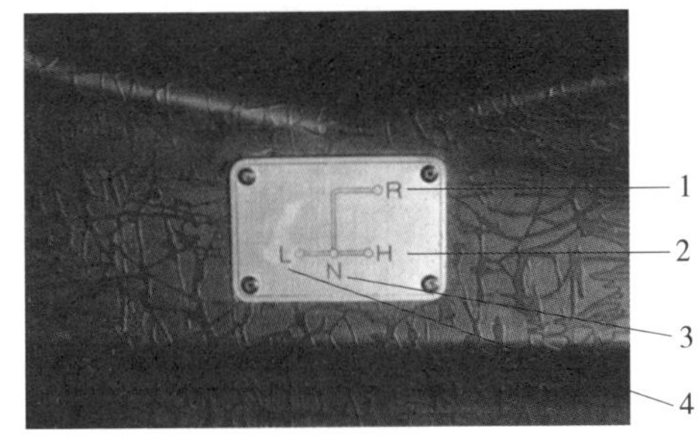

（b）档位示意图

图9–22 挡位示意

1–倒挡；2–高速前进挡；3–空挡；4–低速前进挡

（4）检查手刹拉杆处于拉起并锁定位置，如图9–23所示。

2. 启动发动机准备行驶

（1）扭动点火开关处于“准备”位置，即“ACC”位置。

（2）检查电流表指针应稍许向“–”方向偏离“0”位置，如图9–24所示。

图 9-23　手刹拉杆

图 9-24　电流表

（3）扭动点火开关至“启动”位置，即“ST”位置；发动机启动立即将点火开关扭回至“运行”位置，即“ON”位置。

（4）检查发动机水温表指针应向水温上升指示方向缓慢偏转，如图9-25所示。

（5）检查行驶速度表指针应处于“0” km/h位置，如图9-26所示。

图 9-25　发动机水温表

图 9-26　行驶速度表

3. 陆地前进

（1）将档位操纵杆推至“低速前进档”位置，即“L”位置。

（2）解除手刹锁定状态，向下按压拉杆，松开手刹。

（3）正视前方，保持驾驶方向操纵杆左右平衡，右手缓加油门，车辆即可向前移动。

（4）当路面开阔平坦，行驶条件较好时，可以将档位操纵杆推至“高速前进档”位置，即图中“H”位置。

驾驶姿势如图9-27所示。

图 9-27　驾驶姿势

4. 陆地后退

（1）将档位操纵杆退出“L”或“H”位置，并处于空档位置，即“N”位置。

（2）待车辆完全停止后，将档位操纵杆推至“后退档”位置，即“R”位置。

（3）保持驾驶方向操纵杆左右平衡，右手缓加油门，车辆即可向后移动。

5. 陆地转弯

水陆两栖车的陆地转弯原理：锁死一边的轮胎，另一边轮胎转动来转弯。如图9-28所示。在实践中，往往并不锁死一边轮胎，而是通过调节两边轮胎的速度来转弯的。如图中靠内侧的履带速度慢，靠外侧的履带速度快，以此实现转弯，即由前面的转向手柄来控制液压制动系统，想向那边转向，只要把它向这个方向转就行，转弯驾驶姿势示意如图9-29所示。

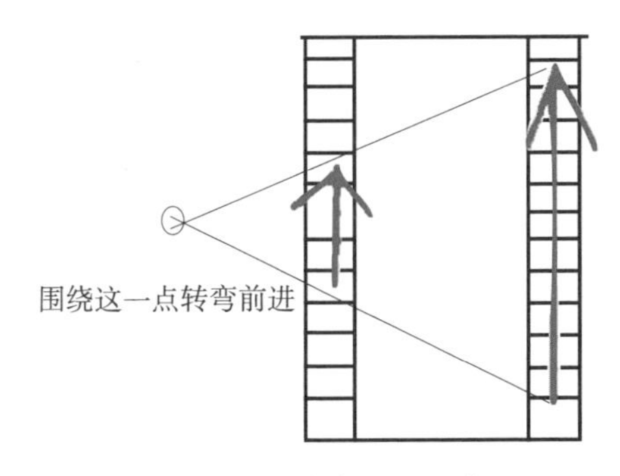

图 9-28　转弯原理示意

图 9-29 转弯驾驶

6. 水面驾驶

水陆两栖车入水后，前驾驶舱的功能基本上处于停用或备用状态。水面的推进主要依靠尾部舷外机工作，所以水面的驾驶请参照本书第三章第二节舷外机操作。

7. 使用后的检查及入库

水陆两栖车使用后，要进行水、电、油等系统的检查及补充，入库前还要进行必要的水冲洗。货仓的积水要通过后部排水孔排除。排水孔状态如图 9–30 所示。

（a）排水孔关闭状态　　（b）排水孔开启状态

图 9–30　排水孔状态

1、3– 排水孔底座；2、4– 排水孔塞

四、注意事项

1. 油门控制

油门加速宜缓慢，忌猛加油、急刹车。右侧油门把手如图 9–31 所示。

2. 差速锁转向控制

车辆转向宜在低速行进中进行，可按照拟定方向转动差速锁控制杆，逐步调整转向，忌高速行驶中急转向或停止状态下的转向。

3. 水面行驶

要及时抽排发动机舱内积水，时刻检查排水孔畅通，防止堵塞，排水孔如图 9–32 所示。

4. 工作时

人员或相关物资避免接触发动机排气管，如图 9–33 所示，以免烫伤或其他意外。

图 9–31 右侧油门把手

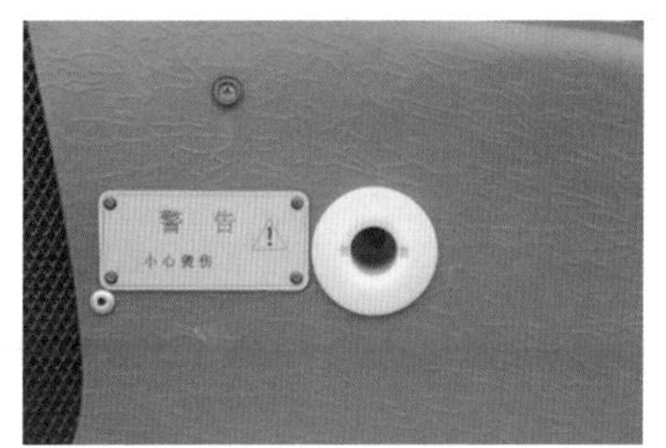

图 9–32 发动机舱排水孔

图 9–33 排气管

五、日常维护及保养

参见越野车和冲锋舟的维护与保养。

第四节 炊事挂车

随着各领域对应急装备需求的不断增加，应用于后勤应急炊事保障等领域的装备也逐渐增多，这些装备在处理各类突发性事件和应急抢险救灾活动中发挥了较大作用。炊事挂车主要用于在非军事行动的重大突发事件或重大活动现场开展应急后勤生活保障，可在野外条件下提供良好的热食保障，包括主辅食品的备菜、蒸煮、烹饪等炊事勤务保障；炊事挂车是应急保障系统的重要组成部分，也是应急指挥系统开展工作的有利支撑。是电力抢险救援前线不可替代的热食保障装备。

一、用途及特点

炊事挂车融车辆、厨房为一体，具有便捷性、战场适应性和灵活机动性等特点。它适于地面操作，首次将扭力杆悬挂系统用于单轴挂车上，降低了车身高度，便于中国体型的士兵完成炊事作业。采用全开式伞状帐篷，几分钟内就能展开或撤炊，符合现代作战快吃、快撤的要求。煮蒸一体化，突破了中国传统的做饭方式，解决了几十年来大锅饭易糊锅等困难。能采用煤、油等并在恶劣天气条件下作业。在四人合作下，每小时可完成150人份的标准饭。最大拖行时速80km，转弯半径与牵引车相同，涉水深度可达500mm。整车全重为2000kg，长4.08m（含牵引杆），宽2.29m，高2.5m，最小离地间隙0.32m。炊事车是可调牵引结构，能以各种制式车辆牵引。适于铁路平车以及部队现装备的运输车、越野运输车装载运输，也可由运输机和直升机空运。使用对象主要是连或相当于连队建制分队，是我军在野战条件下提供饮食保障的骨干装备，也是编配最多的现役炊事装备，炊事挂车如图9-34所示。

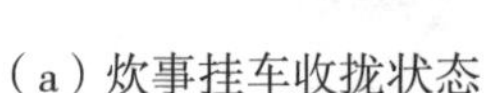

（a）炊事挂车收拢状态

（b）炊事挂车展开状态

图9-34　炊事挂车

二、炊事挂车的结构

炊事挂车主要由车体、牵引机构、行走机构、附件等组成，炊事挂车外部组件如图9-35所示，内部组件如图9-36所示。

图9-35　炊事挂车外部组件

1-工具箱；2-遮阳棚；3-排烟筒；4-备胎；5-手刹操纵杆；6-牵引机构；7-导向轮；8-炉膛；9-支撑腿；10-行驶轮

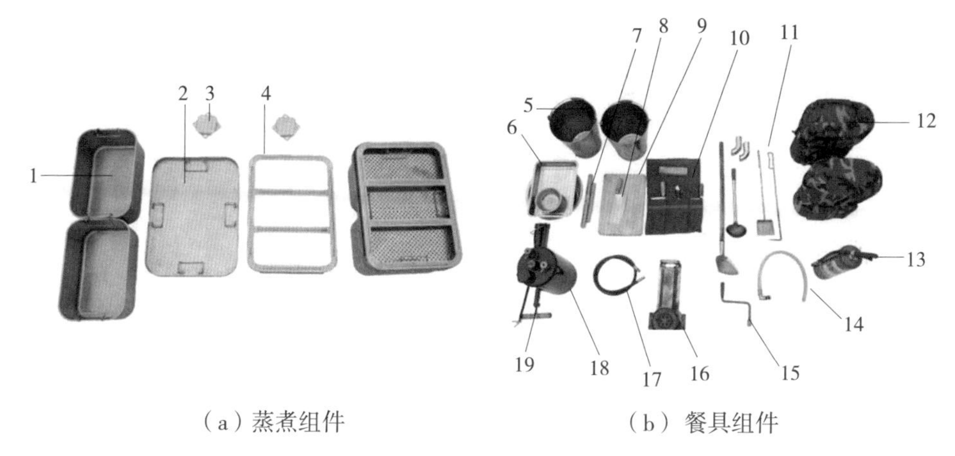

（a）蒸煮组件 （b）餐具组件

图 9-36 内部组件

1-滤水盘；2-蒸盘；3-隔水垫脚；4-隔水器；5-水桶；6-碗盘盆；7-擀面杖；8-菜刀；9-砧板；10-组合刀具；11-铲勺钩；12-保温桶；13-灭火器；14-蒸汽管；15-摇把；16-汽油炉头；17-汽油炉供油管；18-汽油炉油罐；19-打气筒

三、炊事挂车的操作

1. 牵引移动

炊事车是可调牵引结构，能以各种制式车辆牵引，如图9-37所示。

图 9-37 餐车的牵引

具体牵引步骤如图9-38所示。

（a）钩挂锁定

（b）收起导向杆

（c）释放刹车

图 9–38　牵引步骤

2. 餐车固定

打开四角的工具箱，放下支撑腿，操作步骤如图9–39所示。

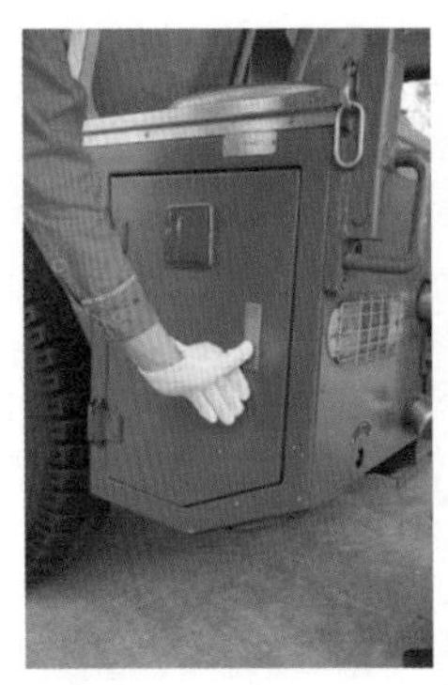

（a）打开工具箱门

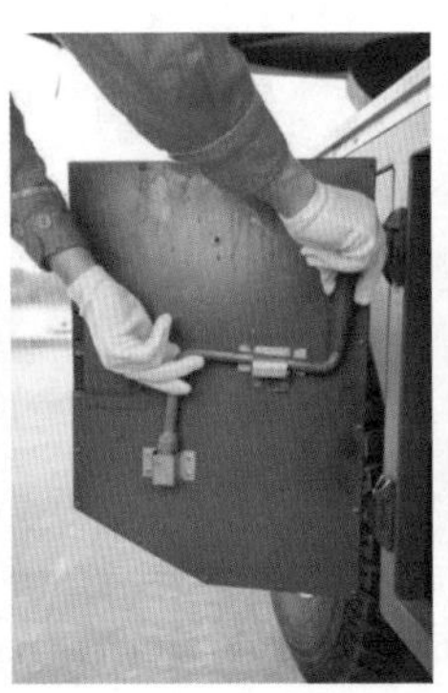

（b）支撑腿摇把

（c）下放支撑腿并锁定

（d）抬升车体

（e）支撑腿全部受力

图 9–39　餐车固定步骤

3. 餐车展开

（1）炊事车牵引到合适位置后，首先打开遮阳棚，展开步骤如图9–40所示。

（a）打开两侧遮阳棚

（b）打开前后遮阳棚

（c）遮阳棚打开后的状态

图 9-40　展开遮阳棚示意

（2）拆卸操作台如图 9-41 所示。

（a）食物操作台

（b）餐车灶台

图 9-41　拆卸操作台

（3）打开锅盖

（4）蒸锅的使用，蒸饭使用步骤如图 9-42 所示。

（a）取出隔水器

（b）取出蒸盘（蒸馒头用）

（c）取出蒸篮（蒸米饭用）

（d）排放蒸饭水

（e） 连接蒸汽管

（f）排放蒸汽

（g）

图 9–42　蒸饭流程

（5）炒锅。炒锅内附件如图9-43所示，使用步骤如图9-44所示。

图9-43 炒锅内附件

（a）松开锁扣

（b）揭开锅盖

（c）揭开后的炒锅

图9-44 炒锅的使用步骤

（6）油炉的使用。餐车的炉膛可使用汽油炉、木材、煤炭等多种燃料。常用的有汽油炉，其原理是：利用高压气体（压缩空气）喷出含燃料油（如柴油）的油气混合雾状物，在燃烧器中升温燃烧。压缩空气可用普通打气筒补充。油炉组件如图9-45所示，使用步骤如图9-46所示。

（a）气瓶油桶

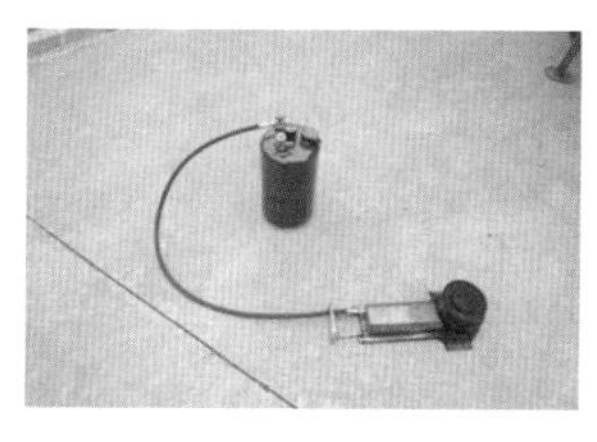
（b）汽油炉组件

（c）汽油炉充气嘴

图9-45 油炉组件

（a）点燃汽油炉

（b）放置炉膛内

（c）炉膛鼓风机

（d）使用炉膛鼓风机

图 9-46　油炉使用步骤

四、注意事项

1. 清洁卫生

炊事挂车的车体、附件等每次使用前后均应冲洗干净，擦拭干燥，所有物品收拾妥当。入库前应将车体遮阳棚收缩，使用完毕后的炊事挂车如图 9-47 所示。

图 9-47　使用完毕

2. 注意安全与环保

（1）因炊事工程中不可避免地会产生高温高热，要防止烫伤。

（2）使用汽油炉时要防止火灾的发生，禁止在燃烧时加油。压缩空气加压不可超限。燃油以灌至70%为宜，不可过满。

（3）注意食物残渣及废水的排放，宜就地掩埋进行无公害化处理。

（4）注意烟尘排放，实时使用炉膛鼓风机，提高燃烧含氧量，避免浓烟的产生。

第五节　集成化快装帐篷照明系统

随着近几年应急形势的严峻，电网企业在应急领域的投入越来越高。大型应急事件中，搭建帐篷是必须的动作，以往客户搭建好帐篷之后为帐篷做配电照明安装时，需要多人找线、剥线、接线、装灯头、装灯、接开关、装配电箱等等，需要较长时间才能完工，费时费力。而且这样的方式在工作完成后所有东西都得拆掉报废。因此，集成化快装帐篷照明系统得到了广泛应用，其具有快速、安全、可靠、实用等特点。该系统适用于应急指挥部、应急营地现场的紧急照明和小功率电源接口。

一、系统结构及主要部件

集成化快装帐篷照明系统如图9-48所示。

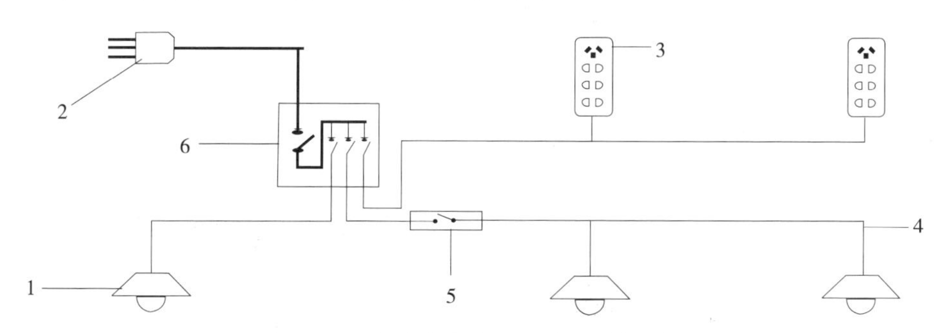

图9-48　集成化快装帐篷照明系统示意

1-照明灯；2-进线电源插头；3-负荷接线板；4-电线；
5-照明线路开关；6-户外控制箱

灯头实物如图9-49所示，控制箱实物如图9-50所示。

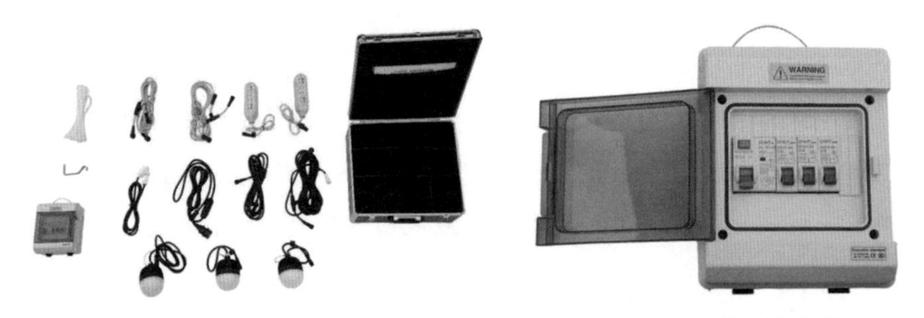

图9-49　灯头实物　　　　图9-50　控制箱实物

插排实物如图9-51所示，进线插头实物如图9-52所示。

图9-51　插排实物

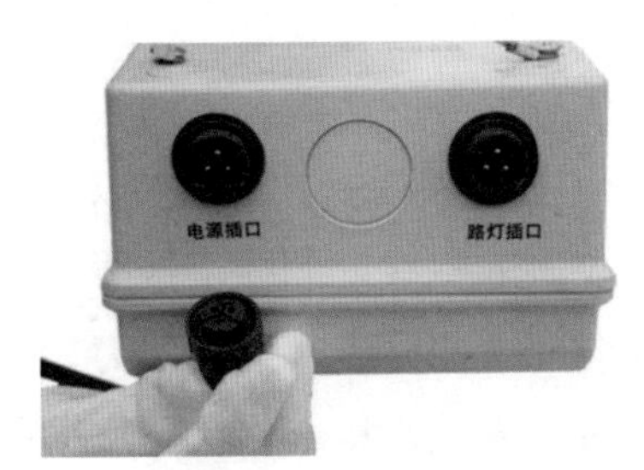

图9-52　进线插头实物

线缆实物如图9-53所示，设备箱实物如图9-54所示。

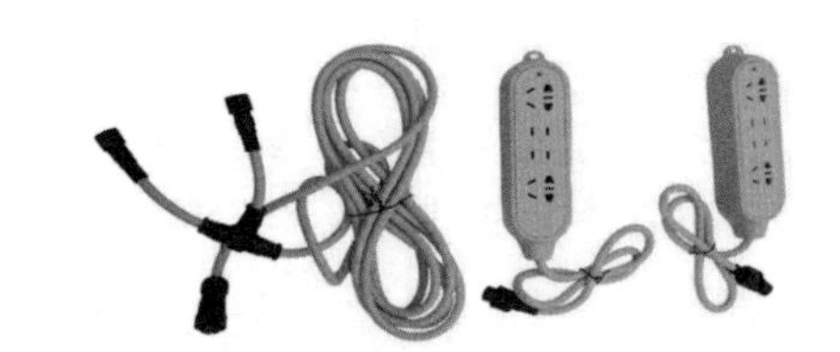

图9-53　线缆实物

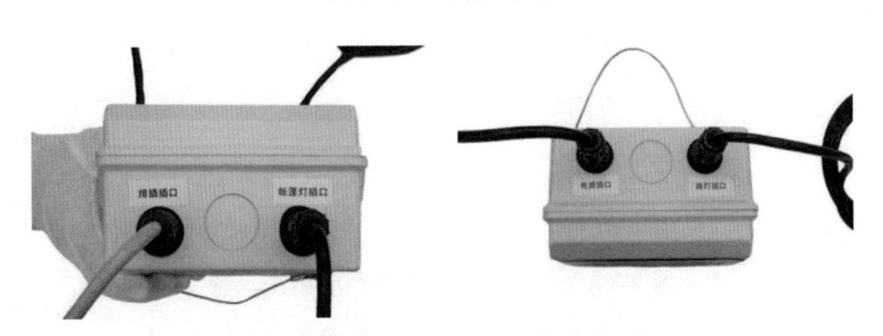

图9-54　设备箱实物

集成化快装帐篷照明系统实物连接示意如图9-55所示。

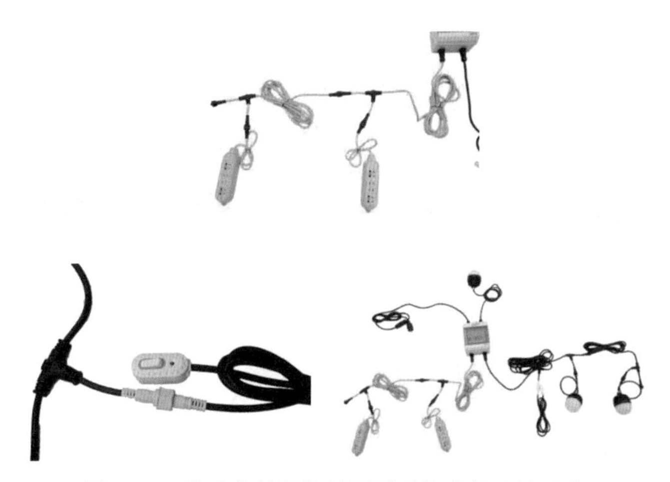

图 9-55　集成化快装帐篷照明系统实物连接示意

二、操作步骤

操作步骤示意如图 9-56 所示。

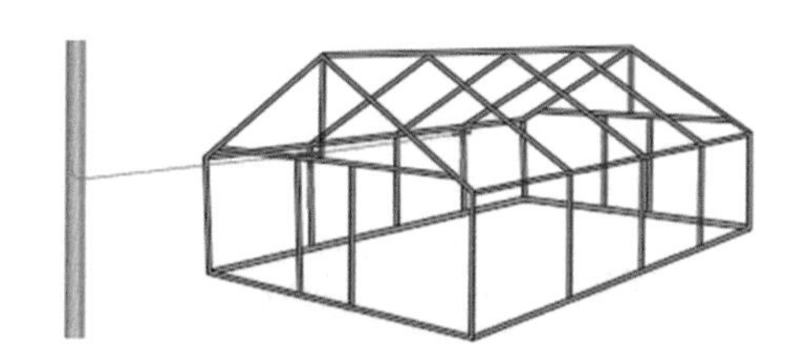

①安装黄色电缆及插排

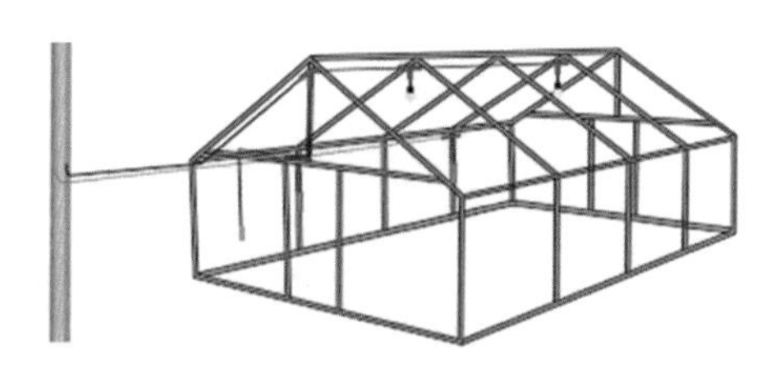

②安装黑色电缆及帐篷内灯具、开关（短线为帐篷灯）

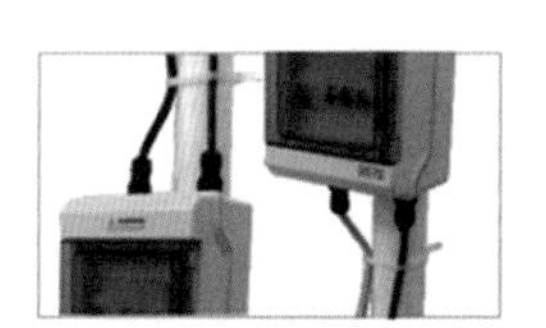

③使用长捆扎带安装配电箱

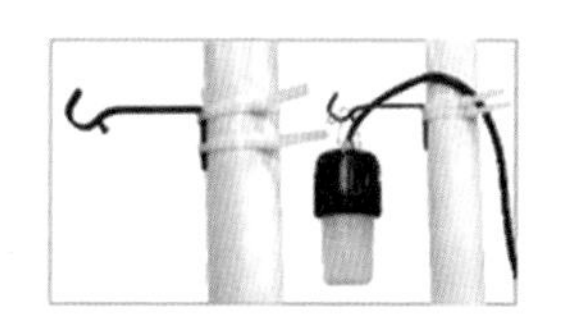

④使用长捆扎带安装帐篷外路灯（长线为路灯）

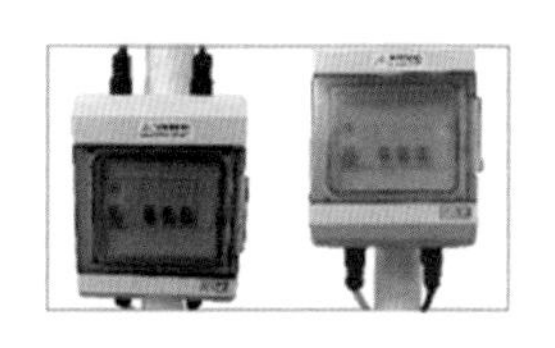

⑤将黄色、黑色及路灯电缆连接至配电箱

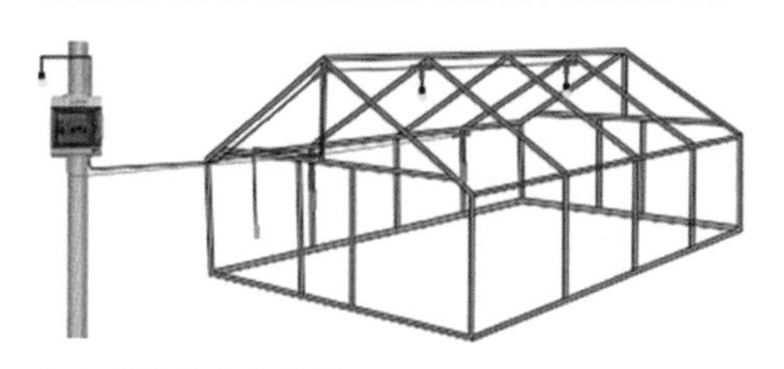

⑥完成安装最终效果

图 9-56　操作步骤示意

实物操作步骤如图 9-57 所示。

图 9-57　实物操作步骤

三、注意事项

（1）线缆接口要对应，不同颜色、规格、线芯的线缆不能对接。

（2）连接顺序按照帐篷灯、排插、路灯先后进入配电箱，最后接入电源箱线。

（3）安装时，所有开关应处于断开位置。

（4）送电时，先合上电源的漏电保护开关，在逐个合上分路开关。

四、常见故障及处理方法

常见故障及处理方法见表9-1。

表9-1 常见故障及处理方法

故障现象	故障原因	处理方法
照明灯不亮	开关未合上	合上开关
	灯头损坏	更换灯头或送修
	灯泡损坏	更换灯泡
	线缆损坏	更换线缆或送修
插排无电	开关未合上	合上开关
	插排损坏	更换插排或送修
	线缆损坏	更换线缆或送修
空开跳闸	负荷侧线路短路	更换线路或送修
		更换排插或送修
		更换灯头或送修
	负荷侧线路漏电	更换漏电原件或送修
	超负荷运行	减少排插接线的负荷

第六节 应急救援前方指挥部的搭建

一、前方指挥部的用途及特点

前方应急指挥部是应急现场提高保障公共安全和处置突发事件的能力部门，是在整合和利用现场现有资源的基础上，采用现代信息等先进技术，建立集通信、指挥和调度于一体，高度集成化的应急指挥平台。

国家电网有限公司应急救援前方指挥部的主要职责是：①经营区域内发生重特大灾害时，在灾区现场，抢救员工生命，协助政府开展救援，提供应急供电保障，树立国家电网良好企业形象；②及时掌握并反馈受灾地区电网受损情况及社会损失、地理环境、道路交通、天气气候、灾害预报等信息，提出应急抢险救援建议，为公司应急指挥提供可靠决策依据；③开展突发事件先期处置，确保应急通信畅通，为公司后续应急队伍的进驻做好前期准备。

二、前方指挥部的搭建

前方指挥部的快速搭建，包括帐篷搭建、卫星地面接收站上线、应急通信网组建、电视电话会议系统搭建、现场办公环境及设施配置等。其主要任务有：①搭建5m×8m框架式班用帐篷1顶，设置拉线及排水沟；②完成卫星地面接收站启动并上线联通后方总指挥部；③完成单兵手持对讲机、基地电台、车载电台等无线电通信设备的组网；④搭建远程电视电话会议系统；⑤完成班用帐篷内办公设备、设施布置（投影幕1面投影仪1台、便携计算机4台、打印机1台、网络IP电话1部、海事卫星电话1部、基地无线电台1套、折叠式办公桌6张及折叠座椅6把）；⑥利用1台全方位高杆泛光工作灯为场地提供泛光照明，灯杆升起到位，灯具点亮；⑦指挥部内利用集成化快速帐篷照明系统，电源进户，安装照明灯2个，多用插座2个，启动全方位泛光工作灯提供临时电源等。

需要搭建的帐篷又称棉帐篷，是军民通用型的帐篷产品。常用的规格有4m×3m、4m×5m、6m×4.6m、7.5m×4.6m、5m×8m、10m×4.8m等，因其空间大，主要用作指挥帐篷、野外长期住宿和应急仓库等。帐篷如图9–58所示。

图9–58　帐篷

整个帐篷长8m、宽5m、顶高3.243m、檐高1.8 m，面积$40m^2$。帐篷结构如图9–59所示。

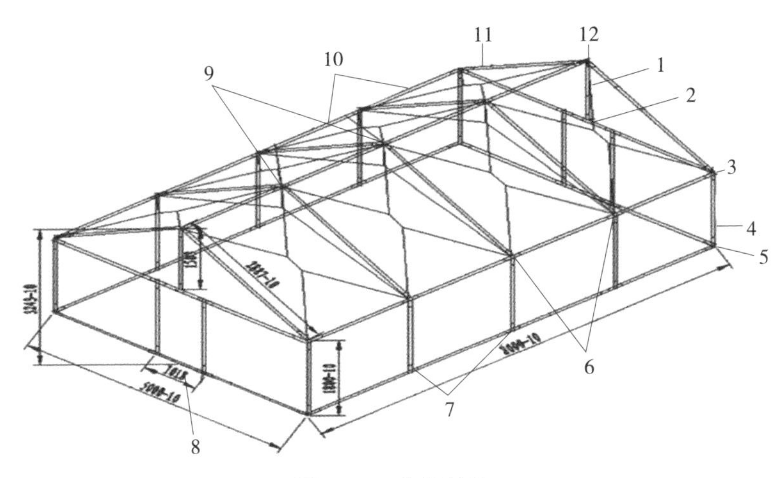

图 9-59 帐篷结构

1- 中撑杆；2- 活动 T 型；3- 角四通；4- 立柱杆；5- 地三通；6- 侧四通；7-T 型；8- 门拉杆；9- 顶四通；10- 侧边杆 / 山墙边杆；11- 斜梁杆；12- 顶角四通

帐篷材料如图9-60所示。

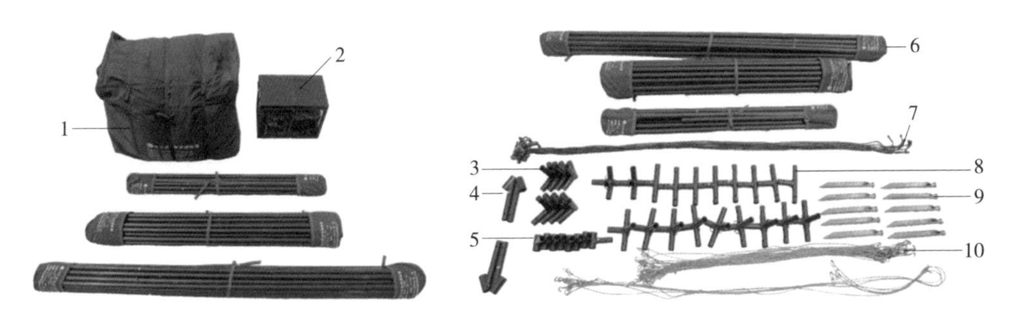

图 9-60 帐篷材料

1- 篷布包；2- 连接管件；3- 角四通；4- 门三通；5- 地三通；6- 直钢管；7- 防风拉绳；8- 顶三通；9- 地钉；10- 钢丝拉索

帐篷材料清单见表9-2。

表9-2 帐篷材料清单

包装件编号	名称	单位	数量
篷布	篷身	件	1
	篷布包装袋		
	产品说明书		

续表

包装件编号	名称	单位	数量
杆件	斜梁杆 2727mm	根	10
	侧边杆 / 山墙边杆 1880mm	根	28
	立柱杆 1662mm	根	14
	中撑杆 1370mm	根	2
	门拉杆 869mm	根	4
接头 / 配件	地三通	个	4
	地三通	个	4
	角四通	个	4
	活动 T 型	个	2
	顶角四通	个	2
	顶四通	个	3
	T 型	个	14
	侧四通	个	6
	榔头	个	1
	地桩	个	12
	拉绳	个	12
	拉绳板	个	12
	人字钢丝绳	个	3
	斜坡钢丝绳	个	8

指挥部搭建如图9-61所示。

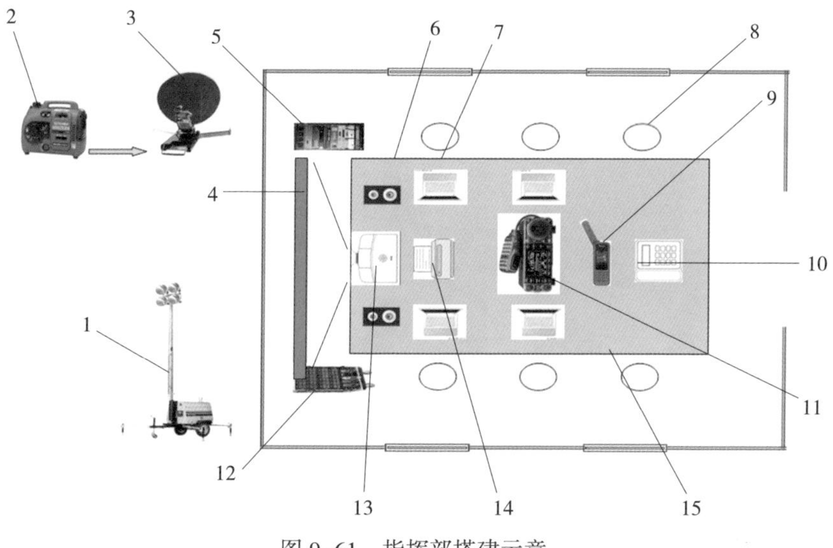

图9-61 指挥部搭建示意

1-照明灯塔；2-微型发动机；3-卫星地面站天线；4-投影幕；5-卫星地面站；6-音箱；7-便携电脑；8-便携座椅；9-手持卫星电话；10-电话座机；11-无线电基地台；12-集中式充电箱；13-投影仪；14-打印机；15-便携办公桌

三、前方指挥部的搭建步骤

搭建步骤如图9-62所示（搭建顺序从左至右、从上至下）。

图9-62 帐篷搭建步骤（一）

图 9-62　帐篷搭建步骤（二）

1. 框架组件安装

金属框架组装正确、规范、牢固，管材及拉紧件无错位，叉接及连接到位，吻合严密。防止框架组装不牢固、管材位置错扣、连接松垮不到位。

2. 帐篷托起就位

团队配合流畅，分工明确，无碰撞。顶抬起时不得倾斜，队员步伐应一致。禁止拖拉拽，踩踏帐布。

3. 整理帐篷

帐顶拉筋部分拉紧，松弛适当，横平竖直。双钩调整至与顶布平行，锋利面朝室内。防止帐篷顶中心与顶梁错位。

要求上下粘接严密、内绳以活扣系好。左右平整、无偏差。禁止帐篷内绑绳未系、死结、底边扎带未系紧扣。

要求门窗打开、组装美观、无褶皱。防止帐篷进电线角未粘紧、卷起不整齐划一。如图 9-63 所示。

图 9-63　整理帐篷

4. 安装地锚

要求位置合理，嵌入深度适当（露出地面一拳），角铁开口朝上。地锚与绳索角度（拉线与地锚≤90°）倾斜得当。拉线松紧适当，两端绳结简洁、适用，连接牢固。禁止在使用大锤，十字镐时违反安全要求（禁止戴手套）、避免结绳不规范，如图9-64所示。

图9-64 安装地锚

5. 排水沟开挖\防虫

帐篷下沿四周培土帘以土压实，成斜面以引流雨水。培土帘禁止外露，如图9-65所示。

图9-65 挖排水沟

6. 折叠桌椅

折叠桌椅，轻便、可叠放功能的座椅，既方便搬动，又节省空间。折叠椅的历史在古埃及的家具中，折叠椅被列为其中最重要的家具之一。折叠桌如图9-66所示。

图9-66 折叠桌

座面板与背面板一般用原生PP塑料在模具内一体注塑成型；椅架与椅脚用静电银色粉末喷塑的方形钢管，方形钢管比圆形钢管更为牢固耐用；一般椅架底部，即与地面接触的位置会加脚垫，起到防滑，防止划伤地板的作用。使用场合：各类培训机构、各级学校、公共场所、医院、餐厅、酒店、公司、家庭等场所。折叠椅如图9–67所示。

图9–67　折叠椅

7. 办公用具摆放

完成班用帐篷内办公设备、设施布置（投影幕1面投影仪1台、便携计算机4台，打印机1台，网络IP电话1部、海事卫星电话1部、基地无线电台1套、折叠式办公桌6张，折叠座椅6把），如图9–68所示。

8. 完成后的外观

完成后的外观如图9–69所示。

图9–68　办公用具摆放示意

图9–69　应急救援前方指挥部完成后的外观

第十章　无人机

随着无人航空器特别是工业无人机的迅速发展，无人航空器在电网企业应急救援工作中得到了广泛的运用，有效解决了此前一些救援工作中难以完成的任务。在灾情侦查、受损情况收集、现场图像传输，以及线路巡视、灾害防控等多种应急任务中发挥出良好的社会效应和经济效应。本章将以电网企业应急救援工作中最常用的四旋翼无人机为例进行讲解。

一、无人机的用途及特点

无人机的应用非常广泛，可以用于军事，也可以用于民用和科学研究。在民用领域，无人飞行器已经和即将使用的领域多达40多个，例如影视航拍、农业植保、海上监视与救援、环境保护、电力巡线、渔业监管、消防、城市规划与管理、气象探测、交通监管、地图测绘、应急救援、国土监察等。

无人机如图10-1所示，一般具有以下特点。

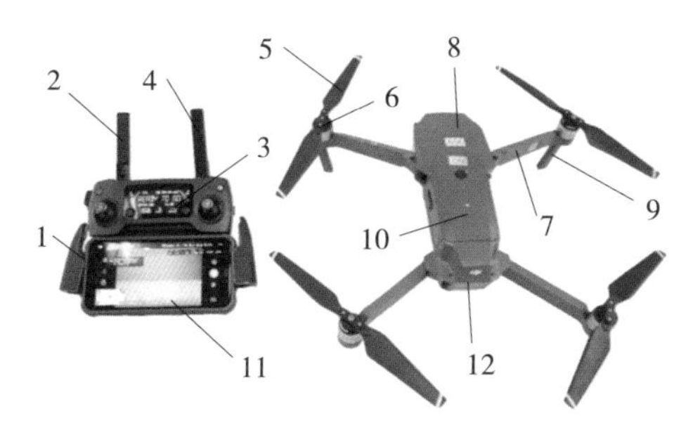

图 10-1　无人机主机和遥控器

1- 图像显示器支架；2、4- 遥控器天线；3- 遥控器显示屏；5- 螺旋桨叶片；6- 螺旋桨电机；7- 旋翼支撑臂；8- 无人机主机；9- 旋翼支撑脚；10- 电池；11- 图像显示器；12- 主机摄像头

1. 机身小巧

Mavic折叠后尺寸为83mm × 83mm × 198mm，重量743g包括云台罩。以小巧机身蕴藏卓越性能，巧妙的折叠设计，让你轻装上阵，尽情享受飞行乐趣。Mavic Pro汇集DJI核心技术，内置24个高性能计算内核、7km高清图传、视觉与超声波环境感知系统、4K高性能航拍相机和三轴一体化机械云台，配备的高性能电池能支持长达27min的续航。只需轻推摇杆或点击手机屏幕，就能触及更远的风景，探索不一样的世界。

2. 性能稳定

飞行控制系统是Mavic稳定飞行的核心部件，而飞行控制系统需要通过机身内部的各种传感器实时获取飞行状态。其中最核心也是最容易受到干扰导致异常的传感器分别是惯性测量单元（IMU）和指南针，惯性测量单元用于获取飞行器当前飞行角度和速度、加速度的重要传感器，一旦出现故障将直接导致飞行异常，导致事故发生；指南针用于获取飞行器当前飞行方向，保证航向的准确以及远距离返航时能够安全返回，一旦出现故障将无法获取飞行朝向。

3. 滞空持久

Mavic折叠后仅相当于一个瓶装水大小，但并未因为体积变小而牺牲飞行时间。充满电后的一次飞行时间可达27min，飞行距离可达7km，充分体现出Mavic强劲的动力系统设计和高效的飞行效率。

4. 拍摄清晰

Mavic Pro最高支持30帧每秒的4K视频，为了保证4K高清视频的正常录制，没有使用电子图像增稳技术，而是为Mavic设计了高精度的三轴机械云台，它能在高速运动中保障相机的稳定，无损且实时地拍摄视频和照片。

5. 操控简便

在每次旅途中、每片天空下，Mavic都能提供出色的操控，迅速响应每一个指令。不管是18m/s的高速飞行还是慢速记录沿途风景，都能操控自如。

6. 飞行安全

远距离飞行时遇到障碍物遮挡，或者自动返航时高度设置不够，都会导致飞行器撞上障碍物。Mavic采用了DJI双目立体视觉技术，能够实时感知飞行前方30m的环境情况，可在15m范围内的障碍物前自动刹车悬停或者绕行，大幅提升了飞行的安全性。

二、无人机的结构及部件

1. 无人机

无人机主机如图 10-2 所示。

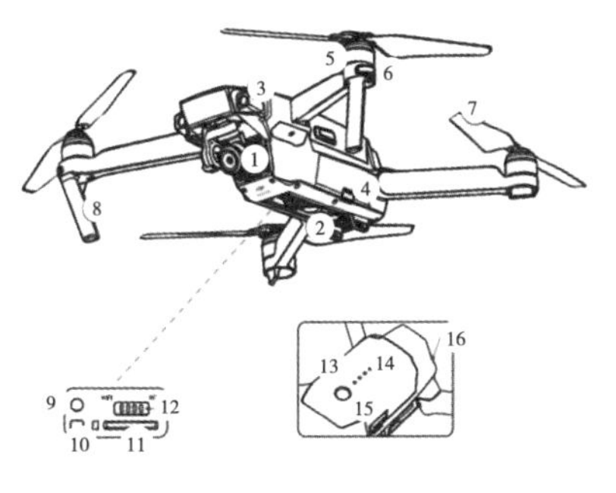

1. 一体式云台相机
2. 下视视觉系统
3. 前视视觉系统 **
4. 调参 / 数据接口（M icro USB）
5. 电机
6. 飞行器机头指示灯
7. 螺旋桨
8. 天线
9. 对频按键
10. 对频指示灯
11. 相机 Micro SD 卡槽
12. 控制模式切换开关
13. 智能飞行电池
14. 电池电量指示灯
15. 电池开关
16. 飞行器状态指示灯

图 10-2　无人机主机

2. 遥控器

无人机遥控器如图 10-3 所示。

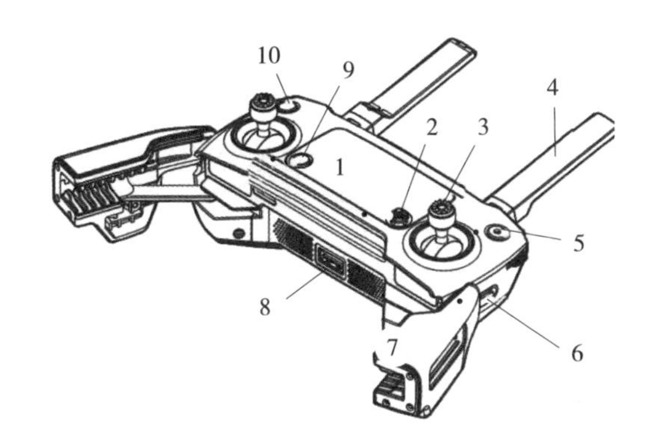

折叠状态

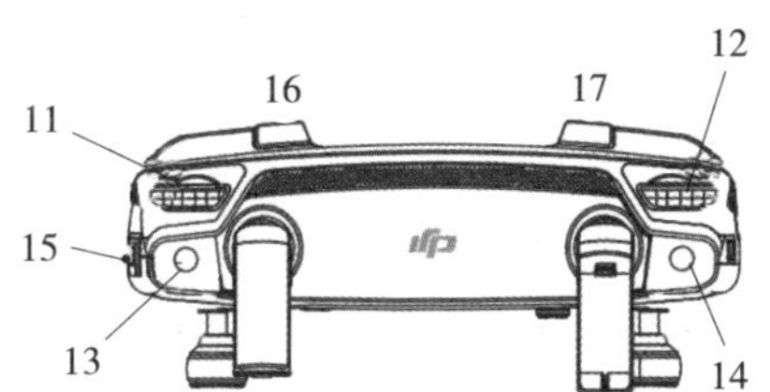

1. 状态显示屏
2. 五维按键
3. 摇杆
4. 天线
5. 电源按键
6. 飞行模式切换开关
7. 手柄
8. USB 接口
9. 急停按键
10. 智能返航按键
11. 云台俯仰控制拨轮
12. 相机设置转盘
13. 录影按键
14. 拍照按键
15. 充电接口（MicroUSB）
16. 自定义功能按键 C1
17. 自定义功能按键 C2

图 10-3　无人机遥控器

3. 全部组件

无人机全部组件如图 10–4 所示。

图 10–4　无人飞行器全部组件

1– 主机；2– 电源适配器；3– 电源线；4– 充电座；5、6– 电池；7– 螺旋桨叶片；8– 图像显示器连接线；9– 数据线

4. 机身灯光示意

机身灯光说明如表 10–1 所示。

表 10–1　机身灯光示意

正常状态	
红 绿 黄……红绿黄连续闪烁	系统自检
黄 绿……黄绿灯交替闪烁	预热
绿……绿灯慢闪	可安全飞行（P 模式，使用 GPS 定位）
绿 X2……绿灯双闪	可安全飞行（P 模式，使用视觉定位系统定位）
黄……黄灯慢闪	可半安全飞行（A 模式，无 GPS 无视觉定位）
警告与异常	
黄……黄灯快闪	遥控器信号中断
红……红灯慢闪	低电量报警
红……红灯快闪	严重低电量报警
红……红灯间隔闪烁	放置不平或传感器误差过大
红——红灯常亮	严重错误
红 黄……红黄灯交替闪烁	指南针数据错误，需校准

续表

充电保护指示

电池 LED 灯可显示由于充电异常触发的电池保护的相关信息。

充电指示灯

LED1	LED2	LED3	LED4	显示规则	保护项目
▯	⁝▯⁝	▯	▯	LED2 每秒闪 2 次	充电电流过大
▯	⁝▯⁝	▯	▯	LED2 每秒闪 3 次	充电短路
▯	▯	⁝▯⁝	▯	LED3 每秒闪 2 次	充电过充导致电池电压过高
▯	▯	⁝▯⁝	▯	LED3 每秒闪 3 次	充电器电压过高
▯	▯	▯	⁝▯⁝	LED4 每秒闪 2 次	充电温度过低
▯	▯	▯	⁝▯⁝	LED4 每秒闪 3 次	充电温度过高

排除故障（充电电流过大，充电短路，充电过充导致电池电压过高，电压过高）后，请按下电池源按键取消 LED 灯保护提示，重新拔插充电器恢复充电。如遇到充电温度异常，则等待充电温度恢复正常，电池将自动恢复充电，无需重新拔插充电器。

⚠ · 智能飞行电池必须使用 DJI 官方指定的专用充电器进行充电，对于使用非 DJI 官方提供的充电器进行充电所造成的一切后果，DJI 将不予负责。

· 若电池当前电量高于 95%，需要开启电池才能充电。

5. 常用及备用工具清单

常见及备用工具清单见表 10–2。

表 10–2　常用及备用工具清单

序号	常用工具	序号	备用工具
01	待飞飞机	01	功放
02	遥控器	02	显示器
03	启动器	03	飞行用电脑
04	启动电	04	电台
05	飞控电	05	各需用天线
06	舵机电	06	图传

续表

序号	常用工具	序号	备用工具
07	点火电	07	望远镜
08	各备用电	08	对讲机
09	飞行用油	09	测向电台
10	点火器	10	备用舵机
11	充电器	11	医疗卫生用品
12	排插	12	测温计
13	各种常用胶	13	标记笔
14	焊接工具	14	毛刷
15	各种尺寸起子	15	酒精
16	常用扳手	16	化油器清洗剂
17	常用钳子	17	止血钳
18	热缩管	18	卷尺
19	打火机	19	转速表
20	各种刀具	20	各种胶
21	转接插头	21	螺距尺
22	加长线	22	备用火花塞
23	扎带	23	卫生纸
24	扫频仪	24	电显
25	偏光镜	25	备用桨
26	降落伞	26	
27	逆变器	27	
28	风向标	28	

续表

序号	常用工具	序号	备用工具
29	油泵	29	
30	备用油管	30	
31	橡皮筋	31	
32	万用表	32	
33	电显	33	
34	扎丝	34	
35	舵盘	35	
36	各种尺寸螺丝	36	
37	启动杆	37	

三、无人机操作前后的检查

1. 飞行前准备工作

飞行前准备工作见表10–3。

表10–3　飞行前准备工作

序号	项目	要求
01	检查各待用工具	种类齐全
		实用可靠
02	确定需待飞飞机、规划飞行架次和时间	待飞机型
		飞行的总架次
		单次和总的飞行时间
		规划飞行航线
		飞行分工
03	检查待飞飞机完好性	按航前检查表检查机体
		检查辅助设备的完好性

续表

序号	项目	要求
04	准备备份设备	尽可能为每样设备备份
		检查备用设备的完好性
05	工作电脑充电	确保电脑处于满电状态
		确保飞行软件可用
06	准备待用工具	根据准备工具表准备
		根据飞行任务选用工具
		确保待用工具的可用性
07	准备飞行用油	根据飞行时间富余准备
08	待飞飞机电源充电	记载电源（飞控、接收、点火、任务设备等）
		备份电源
09	预测飞行环境	飞行时实时气候
		明细的飞行时间
10	确定飞行场地	预设飞行场地
11	检查接插件	准备好需用接插件
		检查各接插件的完好性
12	准备飞控系统	地面站设备
		电台
		其他辅助设备

2. 航前检查流程

航前检查流程见表10–4。

表10–4　航前检查流程

序号	名称	明细
1	频率扫描	检查方法：用频率扫描仪器以及和飞行场地周围的航空器核对频率

续表

序号	名称	明细
2	机载电池电量的检查	飞控电源
		舵机电源
		点火电源电压检测
		电台
		任务设备
		检查标准：（舵机电不低于4.8V、飞控电不低于11.1V；舵机起飞电压不低于5.0V，锂电起飞电压不低于11.6V），根据飞行时间适当控制起飞电压
3	机械及其电子硬件设备的检查	电源线是否虚接
		飞机、机身、机翼、是否有损坏
		起落架或轮胎是否安装牢固
		螺旋桨螺丝是否松动
		发动机底座螺丝是否上紧
		检查发动机机匣是否有裂痕
		发动机机匣是否有裂痕
		排气管螺丝是否松动等
4	发射机及接收机的检查	电量的检查
		内部设定
		接头连接
		频率与发射机相同
		确认接收机功能
		测试遥控距离
		手自动切换是否正常

续表

序号	名称	明细
5	引擎及油路检查	确认主油针及副油针的正确位置
		确认引擎的油门在高速位置和低速位置是正确
		伺服机的中立点和化油器阀门的中立点是相同
		油路的确认 加油管、增压管、进油管
		加油时候注意油中不得夹杂杂质
		加油过程注意关闭进油管及加油量
6	伺服机及各舵面检查	各舵角舵量及方向的正确性
		固定螺丝是否稳固
		连杆的顺畅度
		舵角固定物要检查有无脱落现象
		躲角能否轻易地活动
		伺服机座是否稳固，是否适合伺服机的大小，滑行中前轮偏向修正
7	重心检查	确定飞机重心偏移不超过设计极限
8	电台通信的检查	电台天线是否索紧、连线是否松动
		电台天线通信是否正常
9	任务设备的检查	任务设备的完好性
		任务设备与飞机的连接
		任务设备的附属设备
		电源情况
10	飞控系统的检查	地面站设备
		飞控辅助设备
11	各插接件的连接	机翼与机体及拉纤等
		电线路间的链接

3. 飞行期间的检查

航前检查流程见表10–5。

表10–5 航前检查流程

序号	区域	内容
1	机体硬件部分	电源线是否虚接
		机身、机翼、尾翼、是否有损坏
		起落架或轮胎是否安装牢固
		螺旋桨螺丝是否松动
		发动机、电动机是否固定牢靠
		机体各部分连接是否可靠
		排气管螺丝是否松动
		其他部分
2	任务设备部分	设备是否完好可用
		线路连接是否可靠
		是否固定牢靠
3	电源部分	舵机电
		点火电
		飞控电
		电台电
		任务设备电
		发射机电源
		电脑电源
4	燃油部分	油量
		油路是否通畅
5	飞控及电台部分	地面站连接
		电台连接
		电脑是否可用
6	电子设备部分	舵机是否固定、连接牢靠

4. 飞行后的检查

飞行后的检查见表10-6。

表10-6　飞行后的检查

序号	类型	明细
01	电量	飞控电
		接收电
		点火电
		发射电
		其他
02	机械及其电子硬件设备的检查	电源线是否虚接
		飞机、机身、机翼、是否有损坏
		起落架或轮胎是否安装牢固
		螺旋桨螺丝是否松动
		发动机底座螺丝是否上紧
		检查发动机机匣是否有裂痕
		发动机机匣是否有裂痕
		排气管螺丝是否松动等
03	伺服机及各舵面检查	各舵角舵量及方向的正确性
		固定螺丝是否稳固
		连杆的顺畅度
		舵角固定物要检查有无脱落现象
		躲角能否轻易地活动
		伺服机座是否稳固，是否适合伺服机的大小，滑行中前轮偏向修正
04	工具设备检查	工具清点
		设备清点
		现场恢复

四、注意事项

（1）遵守当地法律法规，需要申报飞行时要申报。不要在禁飞区飞行，如机场附近、军事基地周边等。

（2）无人机必须始终在视线范围内（500m内），尤其是航拍类无人机大多为广角镜头，通过屏幕你很难清楚了解无人机的具体位置，看起来与障碍物距离很远，但实际上已经非常接近。对于专业级无人机，其本身造价较高，加之有些无人机自身重量或搭载的任务设备重量大，一旦发生坠落将造成不可挽回的人员伤害和财产损害。

（3）无人机的飞行高度必须在120m以内，若需要高于120m需要向相关部门申请。

（4）起飞时环境选择周围空旷、无人群、无高压电、不要在高楼附近飞行。注意气象观察，风速，雨雪，大雾，空气密度，大气温度等。风速：建议飞行风速在5级（8~10.8m/s）以下，遇到楼层或者峡谷等注意突风现象。环境温度：0~40℃。

（5）起飞前先确保无人机、遥控器电量充足、桨叶完好、GPS信号良好、机载设备工作正常。遥控器飞行档位应当在“P”挡上（必须在连接APP的状态下飞行），检查DJI GO 4 APP端无人机状态是否正常。

（6）起飞前还有一项必须做的就是指南针校准，方可正常起飞。

（7）飞行时，请集中精神，不要与人交谈，保持良好心态，操作控制幅度小。请保持在视线内控制（直线无遮挡），远离障碍物、人群密集区、水面等；且勿在有高压线、通信基站或发射塔等区域飞行，以免无人机信号受到干扰。飞行过程，请密切关注无人机及遥控器电量，判断当前电量是否能够返航。

（8）无人机的开机顺序：先开启遥控器，后开启飞机 关机顺序：先关闭飞机，后关闭遥控器。

五、日常保养及维护

（1）观察电池外壳是否有破损或者变形鼓胀，若电池受损严重，停止使用，进行废弃处理，不要对电池进行拆解，因为失当的拆解操作可能会导致电池爆炸。

（2）电池储存时电量应该在30%~50%之间，否则长时间存放容易鼓包。

（3）检查飞机机身螺丝是否出现松动，飞机机臂是否出现裂痕破损，如有裂痕，应检测维修。

（4）检查外臂脚架减震是否正常，若减震垫有损坏，须更换减震垫。

（5）检查GPS 上方以及天线位置是否贴有影响信号的物体（如带导电介质的贴纸等）。

（6）在不安装无人机螺旋桨的情况下启动电机，若启动之后电机出现异常响声，则可能是轴承磨损，需要更换。

（7）不安装螺旋桨的情况下启动无人机的电机，看电机转子的边缘以及轴在转动中是否同心，以及是否有较大震动。若出现较大震动，需要更换电机。

（8）检查电机壳下方的缝隙是否均匀，观察电机壳是否变形。若出现变形，建议联系售后进行处理。

（9）检查电机下方的固定螺丝是否稳固，周围塑料零件是否出现裂缝。如果螺丝松动可以使用螺丝刀把松动的螺丝拧紧，若塑料件出现裂缝，请联系售后进行处理。

（10）检查遥控器天线是否有物理损伤。比如遥控器和天线连接处断裂损坏或者两根天线杆内部天线折断，由于两根天线杆中包括了两根2.4G天线和一根5.8G的天线，其中一根2.4G天线用来发射无人机和云台相机的控制信号，另外一根接收图传信号，5.8G的天线则用于遥控器主从控之间的信号通信，所以为了能使无人机正常工作，当天线出现损坏时，请及时联系售后进行处理。

（11）检查标配的遥控器挂带的牢固情况，若发现部分零件松动须用螺丝刀拧紧，另外如果遥控器的部件有裂痕，须联系售后进行处理。